启程，
踏上属于自己的英雄之旅

外在
风景的迷离

内在
视野的印记

回眸之间，哲学与心理学迎面碰撞

一次**自我**与**心灵**的深层交锋

图书在版编目（CIP）数据

人格类型：我们何以不同 /（加）达里尔·夏普著；易之新译. -- 北京：中国友谊出版公司，2025.6.
ISBN 978-7-5057-6104-9

Ⅰ.B848

中国国家版本馆CIP数据核字第2025BX1032号

著作权合同登记号　图字：01-2025-2477

Original PERSONALITY TYPES: Jung's Model of Typology
© Daryl Sharp, USA, 1987

书名	人格类型：我们何以不同
作者	［加］达里尔·夏普
译者	易之新
出版	中国友谊出版公司
策划	杭州蓝狮子文化创意股份有限公司
发行	杭州飞阅图书有限公司
经销	新华书店
制版	杭州真凯文化艺术有限公司
印刷	杭州钱江彩色印务有限公司
规格	880毫米×1230毫米　32开 7印张　80千字
版次	2025年6月第1版
印次	2025年6月第1次印刷
书号	ISBN 978-7-5057-6104-9
定价	59.00元
地址	北京市朝阳区西坝河南里17号楼
邮编	100028
电话	（010）64678009

启程，踏上属于自己的英雄之旅

外在风景的迷离，内在视野的印记

回眸之间，哲学与心理学迎面碰撞

一次自我与心灵的深层交锋

Contents
目 录

前 言 / 001

译者序 从意识进入潜意识的探索之旅 / 001

第一章 荣格类型学简介 / 001

基本模型 / 005

理性与非理性功能 / 013

主要功能与辅助功能 / 017

劣势功能 / 022

两种倾向 / 030

人格类型：我们何以不同

潜意识扮演的角色 / 042

敲响警钟 / 047

第二章　外倾特质与四种功能 / 053

外倾的倾向 / 055

外倾思维型 / 068

外倾情感型 / 078

外倾感官型 / 087

外倾直觉型 / 095

第三章　内倾特质与四种功能 / 107

内倾的倾向 / 109

内倾思维型 / 118

内倾情感型 / 128

内倾感官型 / 136

内倾直觉型 / 145

第四章　结语 / 153

为什么研究人格类型 / 155

类型测验 / 161

类型与阴影 / 165

附录一　外倾特质和内倾特质的临床意义 / 177

附录二　类型晚宴 / 195

类型无法解释个别的心灵。然而，了解心理类型，可以让我们对普遍的人性心理有更佳的认识。

——C.G.荣格

前 言

本书不是为了批判或捍卫荣格阐述的心理类型模型，而是加以解释。此处的目的并不是简化这个模型，而是说明它的复杂性，以及一些实用方面的意义。

荣格的心理类型模型并不是一种性格分析体系，也不是为人贴上标签的方法。荣格的类型学是一种心理定位工具，就好像人们在现实世界里用指南针判断自己的位置一样。它是一种人们了解自己、了解人与人之间产生的人际困扰的方法。

市面上已经有许多根据荣格的心理类型理论而写的书，若要说本书有什么特殊之处，就在于它紧紧围绕荣格所表达的观点。

译者序
从意识进入潜意识的探索之旅

2011年，心灵工坊出版《荣格心理治疗》一书，由于全书前2/5几乎都在谈人格类型与劣势功能，一些对心灵探索有兴趣的朋友开始找我讨论人格类型理论。这让我发现了一个极大的问题：大多数人分不清荣格的人格类型和其他衍生自荣格观念的人格类型学派（最主要的就是MBTI的16种人格类型）到底有什么不同！

每当有人说自己是某种类型时，我都会问对方是根据什么来判断的，答案几乎都是"做人格测验的结果"。但荣格讨论的人格类型是无法用测验来判断的，它需要深入的探讨与分析。MBTI及类似的人格类型测验与量表固然有其特点与用处，也确实引用了一些荣格的观念，但与荣格的人格类型理论有非常根本且重要的不同，不能混为一谈。本书第四章对此做了详细讨论。

另一方面，我认识的一些对荣格学派有兴趣的朋友中，许多人并不重视荣格理论中人格类型的部分；也有一些人告诉我不知该从何入手，因为《荣格全集》第六卷《心理类型》（*Psychological Types*）是如此庞大、浩瀚，不易阅读……

回顾荣格著述的历史，20卷《荣格全集》的前四卷大多是他早期的著作，包括精神医学的研究、字词联想实验、精神疾病的心理起源的研究，以及弗洛伊德与精神分析的介绍与批判。第五卷《转化的象征》（*Symbols of Transformation*）出版于他与弗洛伊德决裂之前，开始呈现出他独树一帜、更为开阔的思想风貌。

第六卷《心理类型》是他与弗洛伊德决裂后最早

译者序 从意识进入潜意识的探索之旅

结集出版的书。著述的时间大约与第七卷《分析心理学两论》（*Two Essays on Analytical Psychology*）、第八卷《心灵的结构与动力学》（*The Structure and Dynamics of the Psyche*）差不多，这三部可说是荣格思想的奠基之作，但后两卷是在较后期才结集成册的。

《心理类型》的成书时间，荣格对类型学纵横古今、详细广泛的探索，以及其对8种心理类型的细腻介绍中多方着墨于潜意识的部分，让我深深相信，人格类型理论是我们进入荣格的思想殿堂，从意识跨入潜意识非常重要的一环。若只是着迷于奇妙的象征、原型、炼金术观念，恐怕会少了落实、根基的部分。

于是，我找到这本忠于荣格原意、仔细介绍荣格人格类型精义的小书。

本书第一章简介荣格类型学的架构，包括两种倾向（内倾、外倾）与四种意识功能（思维、情感、直觉、感觉），并论及劣势功能与潜意识的角色，也对读者提出研究类型时必须注意的危险。

第二章详谈外倾特质分别与4种意识功能结合时的类型特征。第三章则是内倾特质分别与4种功能结合时的类型特征。这两章也强调各种类型的潜意识表现，以及失能时可能呈现的特征。

第四章是结论，探讨一些研究人格类型时必须思考的事，包括为什么要研究人格类型、类型测验的问题、人格类型与阴影的关系，文末再三强调人格类型对个人自我探索的重要性与实用性。

书的最后有两篇附录，第一篇试图探讨外倾与内倾两种倾向在精神医学临床实践中的意义，虽然不见得适用于现代的医学观点，但其观察、思索、应用的精神，仍值得我们学习。第二篇是模拟8种典型类型的人聚在一起晚宴时所发生的情形，非常有趣。

希望此书可以成为那些有兴趣学习荣格的人适当的入门书，也希望那些有意愿深入认识自己与人性的人，可以借此得到美好的探索工具。

荣格,1959年,时年84岁

第一章 荣格类型学简介

荣格的心理类型模型，出自他对文学、神话学、美学、哲学和精神病理学的类型问题做出的广泛历史回顾。虽说类型的描述不是牢不可破的真理，但它却是在心理学上引导自己的实用方法——就好比我们用经度和纬度在地理上做出定位，以得知自己所处的位置一样。

第一章　荣格类型学简介

并非每个人都以相同的方式运作——这一经验是众多类型学体系的基础。在久远的古代，就有人试图为各种不同的倾向和行为模式分类，以解释人与人之间的差异。

我们所知的最古老的类型学体系是由东方星象学家设计的，他们根据水、风、土、火四种元素，把性格分成四组，每一组包含三个宫位。举例来说，星盘中属于风相的三种宫位由黄道带上的水瓶座、双子座、天秤座组成；火相的三个宫位则由牡羊座、狮子座、射手座组成。根据这种古老的观点，任何在这些宫位出生的人都具有轻盈如风或激烈如火的本质，并有相应的气质和命运；水相和土相的宫位也是如此。这个体系经过修改，存在于当代的占星学中。

希腊医学的生理类型学与这种古代宇宙论体系有紧密的关联，它根据身体分泌物的名称（黏液、血液、黄胆汁、黑胆汁），把人分类成黏液质、多血质、胆汁质、抑郁质。虽然医学早已用别的方式取代这种分类方式，但这些描述仍见于日常语言。

荣格的心理类型模型，出自他对文学、神话学、美学、哲学和精神病理学的类型问题做出广泛的历史回顾。《心理类型》的序言中谈到他为这个结论所做的学术研究和详细摘要，他写道：

> 本书是我在心理学实践领域将近20年的工作所得到的成果，它逐渐在我的思想中成长、成形，来源是我这个精神科医师在治疗精神疾病时的无数印象和经验、所有社会阶层中男男女女的互动、我个人与朋友和对手的往来，以及对我自身心理特点的评论。[1]

---

[1] *Psychological Types*, CW 6, p. xi.
"CW"指《荣格全集》。*The Collected Works of C.G. Jung* (Bollingen Series XX), 20vols., trans. R.F.C. Hull, ed. H. Read, M. Fordham, G. Adler, Wm. McGuire; Princeton: Princeton University Press, 1953-1979.

第一章　荣格类型学简介

基本模型

虽然较早期的分类是根据气质或情绪的行为模式的观察，但荣格的模型关注的是心理能量的流动，以及一个人在世界里为自己定位时习惯采用或优先采用的方式。

荣格根据这个观点分出八种类型：包括两种人格倾向[内倾型（introversion）和外倾型（extraversion）①]与四种功能或定位方式[思维型（thinking）、感官型（sensation）、直觉型（intuition）和情感型（feeling）]，每一种功能都可

---

① 内倾和外倾也可译为内向和外向，这是中文的日常用法，译者为加以区隔，译为内倾和外倾。——译者注

能以内倾或外倾的方式运作。

接下来几章会仔细探讨这八种类型，详细描述各个功能与外倾或内倾的倾向结合时的情形。本章接下来要简短解释一下荣格的用语。虽然"内倾"（内向）和"外倾"（外向）已成为日常用语，但它们的意义常常被误解。①

内倾和外倾是心理的适应方式。前者的能量流动朝向内在世界，后者的兴趣则朝向外在世界。前者最重视的是主体（内在现实），后者则最重视客体（事物和他人，外在现实）。

荣格写道，内倾型"通常的特征是犹豫不决、沉思内省、腼腆离群的性质，紧紧守住自己，回避客体，总是有一点自我防卫"。②

相反地，外倾型"通常的特征是容易相处、坦率诚恳、乐于助人的性质，很容易适应既有的处境，快

---

① 四种功能则没有如此为人所知，甚至不被人了解。——译者注

② *Two Essays* on Analytical Psychology, CW 7, par. 62.

速形成依附感,不理会任何可能的疑虑,常常以草率的自信冒险进入不明的处境"。①

在外倾的倾向中,外在因素是判断、知觉、情感、情绪和行动的主要动力,这和内倾型的心理本质截然不同,后者以内在的或主观的因素为主要动机。

外倾的人喜欢旅行,认识新朋友,看看新地方。他们是典型的冒险家,宴会里的灵魂人物,开放而友善。内倾的人基本上是保守的,较喜欢熟悉的居家环境,与少数密友共度亲密时光。对外倾的人而言,内倾的人是落伍、扫兴的,乏味无趣,墨守成规。相反地,内倾的人比外倾的人更自负,可能把后者形容成轻浮、肤浅的享乐者。

实际上,内倾和外倾的特质本身不可能直接显示出来,人的倾向是无法独立显示的。不论是哪一种倾向,只有与四种功能结合起来才会变得明显。这四种功能各自有其专精的特殊领域。

---

① *Two Essays* on Analytical Psychology, CW 7, par. 62.

思维功能指的是认知思维的过程，感官功能是通过身体的感觉器官得到的知觉，情感是主观判断或评价的功能，直觉则是指经由潜意识得到的知觉（例如，对潜意识内容的接受力）。

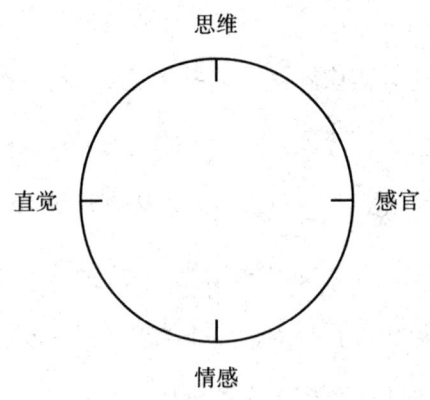

图1　荣格的基本模型示例

荣格的基本模型是四个一组的，包括四个功能之间的关系，如图1所示。思维功能在此被任意地放在顶端，而你可以根据自己的喜好把任何其他功能放在此处。可是，其他功能的相对位置（哪一个在底部，哪两个在水平轴上），则由顶端的功能来决定。原因涉及个别功能的本质，接下来我很快就会说明。

简单地说，感官功能会确认某种存在的东西，思维功能告诉我们它是什么，情感功能指出它的价值，而通过直觉我们能感觉到可以用它做什么（可能性）。任一种功能本身都不足以决定我们对自己或周遭世界的经验。荣格写道，全面的认识需要所有四种功能：

> 对完整的定位而言，所有四种功能应该有同等的贡献：思考会促进认知和判断；情感会告诉我们，事物对我们有多重要或不重要；感官会通过看、听、尝等，向我们传达具体现实；直觉使我们能推测背景中隐藏的可能性，因为这些可能性也是特定处境的整

个图像的一部分。①

理想的情形当然是我们能有意识地取用特定环境所需的或适合的功能,但在实际情形里,四种功能在意识中并没有得到均等的配置。也就是说,在任何一个个体身上,这些功能都没有得到一致的发展或分化,总是有某个功能得到了较多发展——称为主要功能或优势功能,其余功能则留在劣势、较不分化的状态。

在这里,"优势"和"劣势"并没有价值判断的含义。没有哪一种功能比其他功能更好,优势功能只是一个人最常用的功能;同样地,劣势功能并不意味着病态,只是指其未被使用(或至少是与受到偏爱的功能相比,较少被使用的功能)。

---

① *Psychological Types*, CW 6, par. 900.
荣格承认四种定位功能并没有包含意识中的每一件事。例如,意志力和记忆就未被包括,理由是它们并非类型的决定因素,不过它们当然可能被一个人类型的运作方式影响。

第一章 荣格类型学简介

那些未被有意识地带入日常生活的运用而未得到发展的功能，会发生什么情形呢？

> 它们或多或少留在较原始而幼稚的状态，往往只被意识到一半，甚至完全留在潜意识。未发展的功能会形成一种特定的劣势状态，这是各个类型的特征，也是这个人整个性格中不可或缺的一部分。片面强调思维功能的人总是伴随着劣势状态的情感功能，而分化良好的感官功能总是会伤害直觉功能，反之亦然。[①]

类型学上，许多人就像一碗大杂烩，他们根据天气、自己的心情或心态来表现内倾或外倾。他们或多或少随机地使用思维、情感、感官、直觉，并没有哪一个功能比较好或比较差，也完全不知道各个功能造

---

① *Psychological Types*, CW 6, par. 995.

成的结果。

乍看之下，这种人好像面面俱到，可是上述特征是潜意识特有的情形，因为意识意味着行使功能的方式有某种分化。荣格指出："各种功能处在均匀一致的意识状态或均匀一致的潜意识状态，都是原始心智的标志。"①

---

① *Psychological Types*, CW 6, par. 667.

理性与非理性功能

荣格进一步把四种功能分成两种理性功能和两种非理性功能（他也分别用"判断功能"和"知觉功能"来描述）。

思维功能作为一种逻辑辨别的功能，是理性（判断）功能。情感功能也是如此，它是评估我们喜欢还是不喜欢的方法，就像思维功能一样是用来辨别的。思维功能和情感功能都被称为理性功能，因为两者都根据线性、反映的过程形成特定的判断。

荣格把感官功能和直觉功能称为非理性（知觉）功能。两者都只是感知的方法，感官看见外在世界是什么，直觉看见（或可说是"抓取"）内在世界是什么。

"非理性"一词被应用在感官功能和直觉功能时，并不是指不合逻辑或不合理，而是指超越理性或在理性之外。身体对某种东西的知觉并不依赖逻辑，因为事物本来就是如此。同样，直觉也是自己存在的，它在心智之中出现，不依赖推理或思考的理性过程。荣格说：

> 仅仅因为（非理性类型的人）把知觉看得比判断重要，就认为他们"不讲理"，实在是大错特错了。更正确的说法是他们极度以经验为依据。他们完全把自己放在经验的基础上，如此彻底，以至于他们的判断通常都无法跟上经验的脚步。①

情感（feeling）功能作为一种心理功能，和一般

---

① *Psychological Types*, CW 6, par. 371.

情形对这个词的许多用法是不同的,这个区别非常重要。荣格承认,可能会有下述混淆的情形:我们会说我们感到(feel)快乐、悲伤、生气、后悔等;我们会觉得(feel)天气将有变化或股市会下跌;丝绸感觉起来(feel)比麻布光滑;有些事感觉起来(feel)不对劲;诸如此类。我们对这个词的用法显然很不严谨,因为在不同的上下文中,它可能涉及感官知觉、想法、直觉或情绪反应。

因此,明确定义我们的专门用语是很重要的。我们可以根据华氏、摄氏或列氏的度数测量温度,用千米或米测量距离,以千克或克测量质量,以杯或蒲氏耳测量容量,只要我们指明自己使用的系统即可。在荣格的模型中,"情感"这个用语只用来指我们主观评估某个东西或某个人对我们有什么价值的方法。所以,它是理性的功能。事实上,只要没有受到情绪(emotion)的影响——也就是没有受到被激发的情结的影响,情感可以是相当冰冷的东西。

其实，情感功能作为一种心理定位的方式，绝对不应该与情绪混为一谈。情绪更恰当的名称是感情（affect），它一律是被激发的情结造成的结果。荣格写道："情感和感情的区别在于情感不会产生可被感知的身体神经刺激，也就是说，完全像平常的思考过程一样。"[1][2]

情绪容易污染或扭曲各个功能：我们恼怒时，就无法正确思考；快乐会影响我们对事物和人的知觉方式；恼怒时，我们无法正确评估某件事对我们有什么价值；我们沮丧时，就看不到事情有其他的可能性。

---

[1] *Psychological Types*, CW 6, par. 725.
[2] 荣格体系中，affect与emotion几乎是同义字。由于中文里"情感"与"感情"的区分并不明显，故本书其他地方出现affect时，与emotion一样都译为"情绪"。——译者注

主要功能与辅助功能

如上所述,四种功能中必然有一种会比其他功能得到更多发展,它就是主要功能或优势功能,是我们会自动运用的功能。它出现得最自然,也会带来某些回报。荣格写道:

> 经验显示,几乎任何人都不可能同时发展所有心理功能,因为一般的环境都不利于此。社会的要求会迫使人先致力于让天生就具有最佳能力的功能得到分化,或是让那个可以确保自己在社会上得到最大成就的功能得到分化。人们常认为自己几乎完全等同于

最受欢迎且因此得到最多发展的功能，这其实是通则，由此，产生了不同的心理类型。这种片面发展的后果就是必然有一种或更多种功能的发展受到妨碍。①

"受到妨碍"在此只是指被忽视或没有好好发展。事实上，只有在极端的例子里，其他功能才会完全不存在，通常总会有第二种功能（有时甚至有第三种功能）突出到足以对意识发挥共同决定的影响力。

人当然会意识到各个功能的内容或相关的产物，举例来说，即使我的主要功能不是思维，我仍能知道自己正在想什么；我不需要拥有优势的感官功能，就能分辨桌子和瓶子的差异。但根据荣格的说法，只有"功能的运用是在意志的控制之下，同时其指导原则对意识的定位具有决定性的影响力"时，我们才是在谈论功能的"意识"：

---

① *Psychological Types*, CW 6, par. 763.

第一章　荣格类型学简介

经验上，这种绝对的主宰权总是只属于一种功能，也只能属于一种功能，因为另一种功能均等而独立地介入，必然会产生不同的定位，而这至少有一部分是与第一种功能抵触的。但由于意识的适应过程具有明确、清楚的目标，这是攸关生死的条件，所以它自然会排除具有相同力量的第二种功能的出现。所以，这个另一种功能只能具有次要的重要性……。它的次要重要性是出于下述事实，它不像主要功能，不是……一种绝对可靠且具决定性的因素，它的作用比较像一种辅助或补充的功能。①

实际上，辅助功能的本质（理性或非理性）总是不同于主要功能。例如，当优势功能是思维功能时，情感功能便无法成为第二功能，反之亦然。因为两者

---

① *Psychological Types*, CW 6, par. 667.

都是理性的或判断的功能：

思维，如果是真正的思维，而且合乎思考的原则，就必然严格地排除情感。这当然不能抹杀有些人的思维和情感在同一层次，对意识具有相同推动力的事实，但这种情形不可能是分化的类型，只不过是相对比较没有得到发展的思维和情感。①

所以，第二功能的本质总是与主要功能不同，不会是与主要功能相对的：对于理性功能而言，辅助功能就是两种非理性功能中的一种，反之亦然。

同样，当感官是主要功能时，直觉就不可能是辅助功能，反之亦然。这是因为感官功能的有效运作需要聚焦于外在世界的感官知觉，是无法与"感觉"内在世界发生什么情形的直觉功能同时兼容的。

所以，思考可以和直觉配对，也可以和感官配对，因为直觉和感官的本质与思维功能并没有根本的对立。事实上，直觉或感官这两种非理性的知觉功

---

① *Psychological Types*, CW 6, par. 667.

能，对思维功能的理性判断是非常有助益的，稍后详细描述类型时可以看见这一点。

感官功能会被辅助的思维功能或情感功能强化，情感功能会被感官功能或直觉功能帮助，直觉功能会被情感功能或思维功能辅佐，这在实际情形里都是同样真实存在的。

> （两种功能）结合的结果是我们熟悉的图像。例如，和感官结盟的务实思维，直觉打造出来的推测思维，在情感价值的帮助下选择并呈现其意象的艺术直觉，通过强大的理智把洞见组织成综合性思想的哲思直觉，诸如此类。①

---

① *Psychological Types*, CW 6, par. 669.

劣势功能

如前所述,除了最占优势、最合意的功能,其他都是相对劣势的功能。

每个人身上都有一种功能特别抗拒被整合到意识之中,它被称为劣势功能。有时为了与其他劣势功能区分,我们称它为"第四功能"。

荣格写道:"第四功能的核心就是自主性:它是独立的,会攻击我们,吸引我们,使我们晕头转向,以至于再也不是自己的主人,再也无法正确区分自己与他人的不同。"①

玛丽-路易丝·冯·弗兰兹(Marie-Louise von

---

① *Two Essays*, par. 85.

Franz）是荣格多年的亲近同仁与共同研究者，她指出，劣势功能最大的问题就是它通常非常缓慢，与主要功能相反。

这就是一般人讨厌处理它的原因。优势功能的反应来得很快，且适应良好，而许多人根本不知道自己的劣势功能到底是什么。例如，思维型的人完全不知道自己有没有感受，或是有哪一种感受。他们必须坐上半个小时，苦思自己对某件事到底有没有感受，如果有的话，到底是什么感受。如果你询问思维型的人有什么感受，他通常会答以某种想法，或是很快就告诉你一个人们习以为常的反应；如果你坚持要知道他到底有什么感受，他其实并不知道，他会搜肠刮肚，也就是说，会花上半个小时。如果让直觉型的人填写税务表格，别人花一天就可以做完的事，他却需要一个星期。①

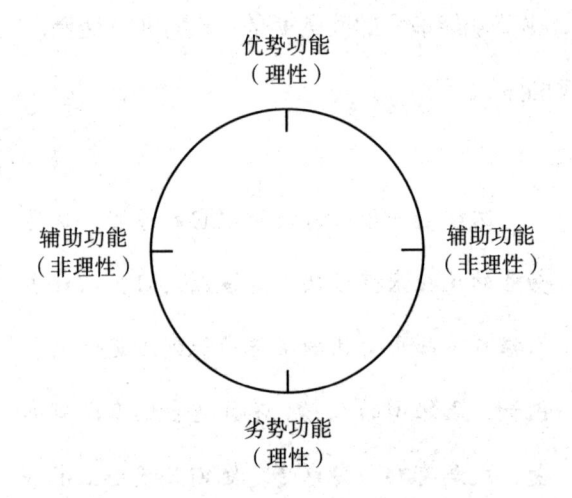

```
        优势功能
        （理性）
          |
   ———————○———————
   |              |
辅助功能         辅助功能
（非理性）       （非理性）
   |              |
   ———————○———————
          |
        劣势功能
        （理性）
```

图2　劣势功能与优势功能有相同的本质

荣格的模型中，如图2所示，劣势功能或第四功能必然与优势功能具有相同的本质：发展最好的是理性的思维功能时，另一个理性功能——情感——就是劣势功能；如果感官功能占优势，另一种非理性功能也就是直觉，就是这个人的第四功能。以此类推。

这种情形符合一般的经验：思想家总是被情感价

---

① *Lectures on Jung's Typology* (Zurich: Spring Publication, 1971), p. 8.

值绊倒；务实的感官型的人总是陷入常规，无视直觉"看见"的可能性；情感型的人听不见逻辑思考呈现的结论；直觉型的人的频道对准内在世界，却在具体现实里跌跌撞撞。

人不一定会完全忽略与劣势功能相关的知觉或判断。举例来说，思维型的人可能知道自己的感受（只要他们有内省的能力）①，但他们不会重视感受。他们会否认它们的效力，甚至宣称自己不受它们影响。

同样，感官型的人会片面地指向身体的感官知觉。他们也有直觉，但即使他们辨认出直觉，也不会被直觉推动。情感型的人会推开扰人的想法，直觉型的人则会忽略面前的事实。

劣势功能可能会被觉察为一种现象，但

---

① 内倾和内省（introspection）的不同在于前者指能量流动的方向，而后者是指自我检视。虽然内省的能力（荣格称之为自我的亲密对话）似乎确实比较常见于内倾的人身上，但不论是内倾的倾向还是思维功能，都没有内省的专利权。

> 它真正的意义仍未得到认识。它表现得就像许多被压抑或没有得到足够赏识的内容，一部分在意识之中，另一部分仍在潜意识里。……所以在正常情形下，劣势功能会被人意识到，至少人们会意识到它的作用；但在神经症患者的身上，它会全部或部分地进入潜意识。①

如果一个人的功能过于片面，劣势功能就会相应地变得原始而棘手——对自己或对他人都是如此（冯·弗兰兹曾谈道："人生对于劣势功能的劣势状态，是毫不容情的。"②）主要功能需要的心理能量会把能量带离劣势功能，使劣势功能落入潜意识。它在那里很容易以不寻常的方式被激发，产生幼稚的幻想和各种人格困扰。

---

① *Psychological Types*, CW 6, par. 764.
② *Jung's Typology*, p. 12.

这就是所谓的中年危机经常发生的情形。当一个人如此长久地忽略人格的某些方面时,这些方面最终就会要求得到承认。这种时候,人们通常会把"困扰"的原因投射到别人身上。但只要对这些幻想做一段时间的自省和心理分析,人就能恢复平衡,并可能进一步发展。事实上,就如冯·弗兰兹指出的,这种危机有可能是珍贵的转机:

> 劣势功能的领域含有高度的生命力,一旦优势功能受到磨损,开始像老车一样漏油和发出咯咯声时,如果我们能成功转向劣势功能,就会重新发现崭新的生命潜力。劣势功能领域中的每一件事都变得令人兴奋、引人注目,充满正面和负面的可能性。劣势功能蕴含巨大的张力,通过它,可以重新发现世界。[1]

---

[1] *Jung's Typology*, p. 11.

可是，这个过程中人会不舒服，因为吸收劣势功能的过程，要把它"拉高"进入意识，这必然会伴随优势功能或主要功能的"降低"。

举例来说，思维型的人专注于情感功能时，撰写文章就会有困难，也无法进行逻辑思考；感官型的人积极投入直觉时，可能会遗失钥匙、忘记约会，甚至整夜都忘了关掉炉子；直觉型的人开始着迷于声音、色彩、质感时，就会忽略可能性；情感型的人钻进书本、沉浸于观念世界时，就会破坏社交生活。在各种情形中，问题都在于如何寻找适中之道。

各个功能以劣势的方式运作时，具有一些共通的典型特征。稍后会描述更多特征，此处只需要注意过度敏感和任何形式的强烈情绪反应（从陷入热恋到莫名的暴怒），都是明确的指标，表示劣势功能伴随着一个或更多的情结被激发了。这种情形自然会造成许多人际关系上的问题。

在治疗中，想要或必须发展劣势功能时，只能让它慢慢发生，而且要先经历一种辅助功能的发展。就如荣格所说的：

> 举例来说，我经常看到心理分析师在面对极度思维型的人时，要对方尽可能地发展情感功能，直接把它拉出潜意识。这种尝试注定失败，因为这对意识的立足点是巨大的侵犯。假使侵犯成功了，病人对心理分析师就会产生非常强迫性的依赖，这种移情现象只能被残酷地终止，因为病人已失去立足点，把心理分析师当成了自己的立足点……。为了缓和潜意识的冲击，非理性类型的人需要让理性辅助功能在意识中有更强大的发展（反之亦然）。[1]

---

[1] *Psychological Types*, CW 6, par. 670.

两种倾向

根据荣格的说法,他探索类型学的最初动机,是想了解为什么弗洛伊德对神经症的看法与阿德勒的看法有如此大的差异。

弗洛伊德认为,病人极度依赖重要客体(特别是父母),并根据自己与重要客体的关系来界定自己。阿德勒却强调一个人(或主体)寻找自身的安全感和优势感。前者认为人类行为被客体制约,另一方则在主体身上寻找决定性的力量。荣格对这两种观点做出了正确的评价:

> 弗洛伊德的理论非常简明,如此简明,

> 以至于如果有任何人想提出对立的主张,都会觉得痛苦。可是阿德勒的理论也是如此,它也如此简明易懂,和弗洛伊德的理论一样解释得清清楚楚。……可是,研究者怎能只看见一面,而且各自坚持自己拥有的是唯一令人信服的观点?……两者显然都在处理相同的素材,但因为个人特质不同,他们各自从不同的角度来看事情。①

荣格推断,这种"个人特质"其实是出于类型的差异:弗洛伊德的体系显然是外倾的,而阿德勒的则是内倾的。②这种基本上具有相反倾向的类型,可见于两性与社会的所有阶层。这种现象不由意识的选择、遗传或教育决定,而是普遍现象,显然是随机出

---

① *Two Essays*, CW 7, par. 56f.
② 冯·弗兰兹对弗洛伊德的心理体系和个人类型做出了区分。她相信,弗洛伊德本人是内倾情感型,"所以他的著作带有劣势外倾思维的特征"(*Jung's Typology*, P.49)。

现的。

甚至同一个家庭里的两个孩子也有可能是相反的类型。荣格写道:"决定一个人究竟属于这个类型还是那个类型的因素,终究必然是个人的先天气质。"① 事实上,他相信成对的类型是出于某些潜意识的、本能的原因,很可能具有生物学基础:

> 自然界有两种根本不同的适应方式,以确保生物有机体的持续存在。一种是有很高的繁殖率,但防卫力较低,单一个体的生命期也较短;另一种是用许多自己保护的方式装备个体,但繁殖率较低。……(类似的,)外倾型的独特本质会驱使他以各种方式消耗、传播自己;而内倾型的倾向则是捍卫自己,对抗所有来自外在的要求,把能量撤离客体以保存自己的能量,稳固自己的

---

① *Psychological Types*, CW 6, par. 560.

状况。①

显然,有些人具有较强的能力或气质来以某种方式适应生活,但我们尚不知道原因为何。荣格猜测,这可能出于某些我们还不了解的生理原因。因为类型的倒错或扭曲,往往被证明会对人的身体健康造成伤害。

当然了,没有人是纯粹的内倾或外倾的。虽然每个人在跟随优势倾向或适应周遭世界的过程中,必然会使某种倾向发展优于其他倾向,但相反的倾向仍是潜存的。

事实上,家庭环境可能迫使人在早年采取不自然的倾向,而违背个人的天生气质。荣格写道:"通常的情况下,每当发生这种类型的扭曲……这个人后来就会得神经症,只有通过发展符合天性的倾向才能

---

① *Psychological Types*, CW 6, par. 559.

治愈。"①

这当然会使类型的议题变得复杂，因为每一个人或多或少都有神经症，也就是偏向一方。

一般说来，内倾的人只是没有意识到他外倾的一面，因为他习惯朝向内在的世界。外倾者的内倾特质也同样潜伏着，等待浮现的机会。

事实上，未得到发展的倾向会成为阴影的一部分。阴影是我们没有意识到的所有东西，我们未被实现的潜能，我们"未活出的人生"（见第四章《类型与阴影》一节）。此外，原本在潜意识中的劣势倾向浮现时（内倾者的外倾特质或外倾者的内倾特质汇聚起来，也就是被激发时），这些倾向很容易以情绪化、社会适应不良的方式出现，类似劣势功能的情形。

由于内倾者认为有价值的东西和外倾者觉得重要的东西是相反的，劣势倾向常常会折磨自己与他人的

---

① *Psychological Types*, CW 6, par. 560.

关系。

为了说明这一点，荣格说了一个故事：有两个年轻人，一个是内倾型，另一个是外倾型，两人在乡间散步。①他们看见一座城堡，都想进去看一看，却是出于不同的理由。内倾者想知道里面是什么样子，外倾者却认为这是一场探险游戏。

走到大门口时，内倾者退缩了，他说："也许我们不被允许进入。"他想象接下来会有看门狗、警察和罚款。外倾者毫不害怕，他说："哦，放心，他们会让我们进去的。"他想到的是遇见和善的老看守人和迷人女孩的可能性。

在外倾者乐观态度的坚持下，两人终于走进城堡。原来这里是一座博物馆。他们发现一些积满灰尘的房间，里面有许多陈旧的手稿，这些陈旧手稿的内容恰好是内倾者感兴趣的。他高兴地大叫，热切地仔细阅读眼前的宝藏；他找管理员谈话，向馆长询问，

---

① *Two Essays*, CW 7, pars. 81ff.

变得非常活泼；他的羞怯消失殆尽，客体呈现出迷人的魅力。

同时，外倾者的兴致已经低落了。他变得闷闷不乐，开始打呵欠；这里没有和善的看守人，也没有美丽的女孩，只有一座老城堡被当成博物馆；手稿使他想起图书馆，图书馆使他联想到大学，大学又使他联想到课业和考试，他发现整件事变得无聊透顶。

内倾者尖叫："太奇妙了，你看它们！"外倾者则没好脾气地回答："这里没有我要的东西，我们走吧。"这惹恼了内倾者，他暗暗发誓再也不和这个不顾他人的外倾者闲逛了；外倾者却失望透顶，脑子里只想着宁可到户外享受美丽的春天。

荣格指出，这两位年轻人在遇见城堡前，原本在快乐的相依关系中散步。他们享有某种程度的和谐，因为他们的组合是彼此适应的。一个人的自然倾向与另一个人的自然倾向互补。

内倾者好奇却犹疑不决；外倾者把门打开。可是一旦走进里面，类型就倒转过来了：内倾者对客体着迷，外倾者却陷入自己负面的想法；内倾者不想走出去，而外倾者后悔踏入城堡。

此时，内倾者变得外倾，外倾者变得内倾。但两人的相反倾向是以社交上劣势的方式表现的：内倾者被客体霸占，没有发现他的朋友觉得无聊；外倾者因为对浪漫冒险的期待落空而失望，变得闷闷不乐，不在乎朋友的兴奋之情。

这个简单的例子说明了劣势倾向自动出现的方式。我们内心未被意识到的部分，顾名思义，就是我们无法控制的。当未发展的倾向汇聚起来时，我们就会落入各种碎裂的情绪，也就是"陷入情结"。

上述故事中的两个年轻人可以说是"阴影兄弟"。在男女关系中，运用荣格的异性原型概念可以对心理动力有更好的认识：阿尼玛（anima）——男人内心的完美女性形象，阿尼姆斯（animus）——女人内心的完美男性形象。①

一般说来，外倾的男人具有内倾的阿尼玛，而内倾的女人具有外倾的阿尼姆斯，反之亦然。这种情况可以通过对自己的心理工作来改变，但我们内在的形象通常会投射到相反性别的人身上，结果就是我们容易和相反倾向的人结婚。这是很可能发生的事，因为两种类型在潜意识里是互补的。

内倾的人比较会自省，仔细考虑事情，在行动前仔细思量。他的羞怯和对客体某种程度的不信任，会造成他的犹疑不决，以及在适应外在世界时有些困难。相反，外倾的人会被外在世界吸引，对新奇、未知的处境感到着迷，结果就会先行动再思考，快速行动而毫无疑虑或犹豫。

荣格写道："所以两种类型似乎会形成一种共生，一方负责自省，另一方负责主动和实际行动。两

---

① "The Syzygy: Anima and Animus," *Aion*, CW 9ii.

种类型的人结婚时,可能会展现出完美的结合。"①

讨论到这种典型的情境时,荣格指出,这种完美的情形只限于双方全心放在适应"生活中的种种外在需求"期间:

> 可是,当……外在需求不再紧迫时,他们就有时间彼此密切互动了。在这之前,他们背靠背保护自己,面对需求。但现在,他们转而面对面寻求了解,却发现不曾了解彼此,各自说着不同的语言。于是开始了两人之间的冲突。这种对抗,即使是静静地在最亲密的关系中进行,也是恶毒、残酷、充满互相轻视的。因为双方的价值观是对立的。②

在人生中,我们常常不得不把内倾和外倾这两面

---

① *Two Essays*, CW 7, par. 80.
② *Two Essays*, CW 7, par. 80.

都发展到某个程度，这是必要的，不只是为了与他人共存，也是为了个人性格的发展。荣格写道："长远来看，我们不可能允许自己人格的一部分被别人以共生的方式照顾。"但这却是我们信赖的朋友、亲人或爱人背负我们的劣势倾向或功能时，实际发生的情形。

在我们的生活中，如果不是有意识地允许劣势倾向有一些表现，我们就容易变得无聊、乏味，对自己和他人都失去兴趣。由于被束缚在我们内心的能量是不被意识到的，于是我们会缺乏对人生的热情，而这是平衡的人格必备的。

重要的是要认识到，一个人的行为不一定能准确指出其倾向的类型。派对的灵魂人物可能确实是外倾型，但不必然如此；同样，长期独居的人也不见得就是内倾型。社交达人可能是活出阴影的内倾型；独居的"隐士"也可能是精疲力竭的外倾型，或是被环境所迫而独居。换句话说，某个特定的活动虽然可能与外倾特质或内倾特质有关，但我们不能轻率地将其转译成当事人的类型。

判断类型的关键因素，绝不只是根据目前这个人最明显的是什么倾向。所以判断的关键因素并不在于一个人做什么，而是做这件事的动机，也就是此人的能量自然而惯常的流动方向。对于外倾型而言，客体是有趣而迷人的；但对于内倾型而言，主体或心灵现实才是更重要的。

一个人不论是内倾占有优势还是外倾占有优势，都必然有潜意识的角色所造成的心理意义。下一节会讨论一部分，更具体的介绍详见描述各个倾向类型特征的章节。至于特殊的医学推论，则见附录一《外倾特质和内倾特质的临床意义》。

潜意识扮演的角色

诊断类型的最大困难,就是占优势的意识倾向会被其相反面在潜意识中补偿或保持平衡。

内倾特质或外倾特质成为典型的倾向,表示了一种本质上的偏见,这种偏见制约着一个人的整个心理过程。人们惯常的反应模式不只决定了其行为风格,也决定了主观体验的性质,此外,它还决定了潜意识所需的补偿。既然两种倾向本身都是片面的,那么如果没有潜意识对反立场的补偿,人就会完全丧失心灵的平衡。

因此,内倾者惯常运作的方式,会伴随(或在背后)潜意识的外倾倾向,以自动补偿片面的意识。同样，外倾特质的片面情形也会被潜意识的内倾倾向平衡或修正。

严格说来，并没有明显可见的"潜意识倾向"，只有被潜意识影响的运作方式。在这个意义上，我们才能谈论潜意识的补偿倾向。

如前所述，四种功能通常只有一种会分化到足以被意识的意志自由运用的程度。其他功能则完全或部分地留在潜意识，劣势功能最是如此。所以，思维型的意识定位会被潜意识的情感平衡，反之亦然，而感官型会被直觉补偿，以此类推。

荣格谈到，有一种"奥秘的质地"（numinal accent）会落在客体或主体身上——根据一个人是外倾还是内倾而定。这种奥秘的质地也会"选择"四种功能中的一种，其分化在"功能—倾向"的模型中，会出现典型的对比，这基本上是依据经验得知的结果[①]。于是在内倾思维型的人身上会发现外倾的情感

---

① *Psychological Types*, CW 6, par. 982ff.

功能，而在外倾直觉型的人身上会找到内倾的感官功能。

想要确认一个人的类型，还有另一个问题：潜意识、未分化的功能对人格的影响程度大到可以让外在的观察者很容易把一种类型的人误判成另一种。

例如，理性类型（思维和情感）的人具有相对较劣势的非理性功能（感官和直觉），他们在意识中有意去做的事，可能是根据理性（从他们自己的观点来看），但他们身上发生的情形很可能有幼稚、原始的感官和直觉特征。就如荣格指出的：

> 既然许多人生活中所发生的事远多于理性意图掌控的行动，（旁观者）仔细观察他们之后，就可能很容易把思维型和情感型的人描述成非理性的人。我们也必须承认，人的潜意识常给观察者留下过于强烈的印象，远甚于意识的，这使人的行动远比他的理性

第一章　荣格类型学简介

意图更为重要。①

确认自己的类型，就像确认别人的类型一样困难，特别是在人已经对自己的主要功能和优势倾向感到厌烦时。冯·弗兰兹说：

> 他们往往会以百分之百的真诚向你保证，自己是与他真正的类型相反的类型。外倾型发誓自己是强烈的内倾型，反之亦然。这是因为劣势功能会主观地觉得自己才是真正的功能，认为自己才是更重要或更真实的倾向。……所以，尝试找出自己的类型时，去想"对我最重要的是什么"是没有用的，而是要问："我最习惯做的是什么？"②

---

① *Psychological Types*, CW 6, par. 602.
② *Jung's Typology*, p. 16.

实践中，问自己下述问题往往是有助益的：我背负的最沉重的东西是什么？最折磨我的是什么？我的生活中，什么情形总是让我想撞墙，让我觉得自己很蠢？这些问题的答案通常指向劣势倾向和功能。用一点决心和大量耐心，我们或许就可以在某种程度上将之带入意识。

第一章　荣格类型学简介

敲响警钟

现在可以明显看见，荣格的心理类型模型虽然具有简单的优雅与对称的特点，但要把它当成诊断工具，甚至作为自我认知的指南，却一点也不简单。因此，荣格提醒他的读者：

> 虽然有些人的类型一眼就可以辨认出来，但事情绝不会总是如此简单。通常，只有仔细观察并权衡证据，我们才可以得到确定的分类。不论对立的倾向和功能的基本原则多么简单明了，实际的现实中，它们都是复杂且难以分辨的，因为每一个人都是规则

的例外。①

接下来几章的内容,主要来自荣格关于这个主题的著作精华,还有玛丽-路易丝·冯·弗兰兹的观察,以及我自己的经验。

读者最好牢牢记住,类型的描述甚至模型本身,都不是牢不可破的真理。就如荣格自己指出的:"根据内倾、外倾和四种基本功能所做的类型分类,并不是唯一可能的分类。"②

不过,他确实相信他的模型是有用的,是在心理学上引导自己的实用方法,正如我们用经度和纬度在地理上定位一个地方一样。

四种功能有点像罗盘的四个方位,它们是武断的,但也是不可或缺的。只要我们高

---

① *Psychological Types*, CW 6, par. 895.
② *Psychological Types*, CW 6, par. 914.

兴，我们可以把方位的基点向这个或那个方向转个几度，或是给予它们不同的名称，这只是约定俗成和是否容易理解的问题。但我必须承认一件事：在心理探索的航程中，我绝不会舍弃这个罗盘。①

此处必须进一步承认，本书所写的任何东西（就像任何其他东西一样），都无法避免作者本人的类型所造成的偏见。

就我所知，经过大约25年沉浸在自己的心理探索中之后，我认为自己可能是内倾感官型——就此刻而言。我的思维功能整体来说是良好的辅助功能，我的情感功能则难以捉摸，而直觉功能特别难以取用。

但我记得在多年前，我有相当不同的运作功能。例如，高中时，我是明显的思维型；大学时，我外倾到成为学生会主席；还有别的时期，显然是内倾情感

---

① *Psychological Types*, CW 6, par. 958f.

占优势。当然了，还有些时期，直觉功能其实很好地服务了我……

至于荣格自己的类型，他的科学研究和洞见指出，占优势的是思维功能，且感官和直觉是发展良好的辅助功能。可是，从他对哪些事或人对他有价值的评估能力来看，显然他的情感功能并没有明显居于劣势。

至于荣格究竟是内倾还是外倾，我们认为已经有了比较确切的根据。因为只有内倾的人才会像他在《荣格自传：回忆、梦与思考》的开场白中写的那样：

> 当人生的问题和复杂性没有得到来自内在的答案，那么它们终究不会有什么意义。外在事件根本无法取代内在经验。所以我的人生在外在事件上一直格外贫乏，我对它们没有多少话可说。因为对我而言，说这种事

是空洞、不具体的。我只能根据内在事件的亮光来了解自己，正是这些事件组成了我独特的人生。①

不过，迷失的外倾者也可能说出完全相同的话，这也是真的……

既然如此，欢迎走进荣格心理类型模型的探险之路。

---

① *Memories, Dreams, Reflections* (London: Fontana Library paperback, 1967), p. 19.

第二章 外倾特质与四种功能

外倾者的整个意识都朝向外在，他们会有个人的观点，但这些观点的重要性不如他们在外在世界发现的情境。与外在要求相比，内在生活的地位总是更低的。外倾者的兴趣和注意力都聚焦在客观事件，放在事物和他人身上。

第二章　外倾特质与四种功能

外倾的倾向

当一个人的意识定位是由客观现实、外在世界的既有事实决定的时候，我们就认为其具有外倾的倾向。若这是惯常的情形，就说他是外倾型的人。荣格写道：

> 外倾特质的特征是对外在客体感兴趣，反应热烈，乐意接受外在发生的事，想要影响事件也被事件影响，有加入与"一起"的需要，有忍受各种忙乱与噪声的能力，且真正乐在其中，不断注意周遭世界，愿意结交朋友、与人相识，不会过于精挑细选，最重

> 要的是能与结交的人有依附感，所以有表现自己的强烈倾向。据此，外倾者的人生哲学和伦理观通常具有高度的集体性质，带有强烈的利他倾向，他的良心大部分是依据公众的意见……他的宗教信念可以说是由多数票决定的。①

一般说来，外倾的人信任来自外在世界的信息，同时不愿让个人动机接受批判的检视。

> 实际的主体（外倾者）会尽可能隐藏在黑暗中，他把它藏在潜意识的幕后……他的秘密过不了多久就会与人分享，可是，假如真的有什么不能说的事落到他身上，他宁可忘掉。任何可能玷污乐观和积极形象的事，他都避而不谈。凡他所想、所欲、所做的，

---

① *Psychological Types*, CW 6, par. 972.

第二章 外倾特质与四种功能

都会以坚定、热情的方式展现出来。①

根据荣格的观点,这种类型的精神生活是在外在展开的,严格来说它们完全是对环境的反应。

> 他活在别人之中,要靠别人而活;所有与自我的交流都会使他起鸡皮疙瘩。那里潜伏着危险,而这些危险最好被噪声淹没。如果他真的有什么"情结",他会到社交活动中寻求庇护,并让自己在一天中得到好几次保证,确信一切都正常。②

虽然这些评论似乎过于刺耳、贬抑,但荣格对外倾型的描述以略带保留的欣赏作为结语:"如果他不会爱管闲事,逼人太甚,过度肤浅,就会成为社会中

---

① *Psychological Types*, CW 6, par. 973.
② *Psychological Types*, CW 6, par. 974.

非常有用的一员。"①

荣格相信类型的分化始于非常早期，"早到有些情形不得不说是天生的"：

> 孩子身上最早的外倾迹象是他对环境的快速适应，他非常注意客体，特别是他对客体的影响。他对客体的害怕非常微小；他带着信心在客体中生活、穿梭，……所以能与它们自由地玩耍，通过它们学习。他喜欢把冒险精神发挥到极致，让自己暴露在风险中。每一件未知的事都很有吸引力。②

虽然每个人都不可避免会被客观数据影响，但外倾者的想法、决定和行为模式都不是单纯受影响，而是真的由客观情境决定，它们不是由主观观点决

---

① *Psychological Types*, CW 6, par. 974.
② *Psychological Types*, CW 6, par. 896.

定的。

外倾者自然会有个人的观点,但这些观点比较次要,重要性不如他们在外在世界发现的情境。与外在要求相比,内在生活的地位总是更低的。外倾者的整个意识都朝向外在,因为其不可或缺且具决定性的因素都来自外在世界;兴趣和注意力都聚焦客观事件,放在事物和他人身上,通常是当前环境里的人、事、物。荣格对这个类型举了一些实例。

> 圣奥斯丁(St. Augustine)说:"如果天主教会的权威没有强迫我,我就不会相信福音。"一位顺从的女儿说:"我不允许自己去想任何不讨我父亲喜欢的事。"有的人觉得一首流行音乐很优美,因为别人都假装它很优美;有的人为了讨好双亲而结婚,却极度违反自己的喜好;有些人想尽办法扮丑装傻,以取悦别人……。不少人对他们做或

不做的每一件事，都只有一个动机：别人会怎么看他们？①

外倾者的个人立场是由流行的道德标准支配的，如果社会共同的道德观改变了，外倾者就会调整自己的观点和行为，与之相称。他调整自己来配合外在既有情境的能力和趋向，既是他的力量，也是他的限制。他的偏向如此指向外在，以至于他通常连自己的身体都不注意，直到身体垮掉。身体本身还不算是客观的或"外在的"，不配得到注意力，所以外倾者很容易疏于满足身体健康不可或缺的基本需求。

不只身体受苦，心灵也是如此。身体的问题会因为症状而变明显，连外倾的人都无法忽略；但具有异常情绪和行为模式的心灵，可能只有别人才会觉得明显可见。

外倾特质在社交情境和回应外在要求时，显然是

---

① *Psychological Types*, CW 6, par. 892.

有利的条件。但过度外倾的倾向可能在不知不觉中牺牲主体以满足客体的需求,例如别人的需要或是企业扩张时的许多要求。

荣格说:"这是外倾者的危险。他会被客体吞没,在其中完全丧失自己,结果导致神经或身体的功能障碍。这些障碍具有补偿的价值,就好像是强迫他进入非自愿的自我约束。"①

最常折磨外倾者的神经症的形式是歇斯底里症,其典型表现是对当前环境里的人有显著认同,会配合外在情境调整自己,形成模仿。

罹患歇斯底里症的人会不遗余力地引起他人的兴趣,给别人留下良好的印象。他们显然很容易受到暗示,明显地受别人影响,且过分热情地叙述故事,并以幻想扭曲事实。

歇斯底里症开始于所有外倾特质的正常特征变得过于夸张,然后引发潜意识的补偿反应。补偿作用会

---

① *Psychological Types*, CW 6, par. 565.

以症状的形式迫使当事人转为内倾，借此对抗夸张的外倾，进而使外倾者的劣势内倾特质汇聚起来，产生另一套症状。最典型的就是病态的幻想活动和害怕孤独的情况。

外倾者的倾向是为外在环境牺牲内在现实，但只要外倾特质不过度，这就不是问题。但如果过度到必须补偿偏向一方的趋向，就会产生主体因素在潜意识里被夸大的情况，也就是潜意识中有明显的自我中心的倾向。

被意识倾向阻止或压抑的所有需求或欲望，都会从"后门"进来，也就是会以原始而幼稚的、以自我为中心的想法和情绪进来。

外倾者对客观现实的调适，可以有效阻止力量低微的主体冲动，使之无法达到意识。可是，被压抑的冲动并没有因此失去力量，且正因为它们在潜意识中，所以会以原始而古老的形式表现。随着愈来愈多的主体需求被压抑或忽略，累积的潜意识能量就会在

第二章 外倾特质与四种功能

暗中破坏意识的倾向。

此处的危险在于外倾者如此习惯（且显然无私地）与外在世界和别人的需求协调一致，但事实上，他却可能变得对此全然漠不关心。荣格写道：

> 意识的外倾倾向愈彻底，潜意识的倾向就会愈幼稚而原始。自我中心是外倾者潜意识倾向的特征，它会强烈到不只表现出幼稚的自私，而是接近残忍与野蛮。①

每当潜意识变得过度活跃，就会以症状的形式出现。自我中心、幼稚行为和原始作风在正常情况下是健康的补偿，也相对较无害处，但在极端的情形下，它们会把意识刺激到不合理的夸张程度，致力于更进一步地压抑潜意识。

最终的爆发可能采取客观形式，因为一个人的外

---

① *Psychological Types*, CW 6, par. 572.

在活动受到主观因素的阻挠或影响。

荣格提到,一位印刷工人经过多年努力工作后,拥有一份蒸蒸日上的事业。事业的扩张也霸占了他全部的时间,最后,他放弃了所有其他的兴趣。然后在潜意识对他偏于一方的补偿下,儿时热爱绘画与素描的记忆苏醒。但他没有重新把这些活动当成兴趣,以好好补偿事业的忙碌,而是把它们并入事业,想用艺术美化他的产品。由于他的品位原始而幼稚,结果事业被毁于一旦。①

这个结果也可能用主体的形式表现——精神崩溃。当潜意识的影响最终导致意识的行动瘫痪时,很容易发生这种情形:

> 潜意识的要求接下来会专制地强加给意识,引起悲惨的分裂。这会以两种方式呈现——一个是主体再也不知道自己真正想要

---

① *Psychological Types*, CW 6, par. 572.

第二章 外倾特质与四种功能

的是什么，也没有任何东西能引起他的兴趣；另一个是他立刻想要得到的东西太多，有太多兴趣，但他的兴趣都在于不可能的事。基于文化习俗的理由而压抑幼稚、原始的需求，很容易导致神经症或麻醉品的滥用，比如酒精、吗啡、可卡因等。在较极端的情形下，分裂会造成自杀。[1]

一般说来，潜意识的补偿倾向是为了保持心灵的平衡。因此，即使是正常外倾的人，有时也会以内倾的方式运作。可是，只要外倾的倾向占优势，发展最好的功能仍会以外倾的方式表现，而劣势功能或多或少会以内倾的方式表现。

> 优势功能一直都是意识人格及其目标、意志和一般能力的表现形式。反之，相较而

---

[1] *Psychological Types*, CW 6, par. 573.

言未分化的功能,则属于纯粹"偶然发生"之事的范畴。[1]

有一个很好的例子。外倾情感型的人平常很享受与他人之间亲近的交流,但偶尔会说出一些显然不得体的意见或言辞。他可能在婚礼上说出慰问的话,在葬礼上说出祝贺的话。这种失礼的情况是因为劣势思维功能,即这种类型的第四功能。它不受意识控制,所以无法与他人良好相处。

潜意识经常通过相较而言未分化的功能表现出来,对外倾的人而言就是具有主观影响和自我中心的偏见。此外,如本书第一章所提到的,潜意识内容流入意识的心理过程是如此持续不断,以至于观察者往往很难分辨哪些功能属于意识,又有哪些属于潜意识人格。就如荣格指出的,观察者自己的心理特点还可能导致更深的混淆:

---

[1] *Psychological Types*, CW 6, par. 575.

第二章　外倾特质与四种功能

一般说来，判断类型的观察者（思维型或情感型）较容易掌握意识的特质，而知觉类型的观察者（感官型或直觉型）较容易受到潜意识特质的影响。因为判断功能主要关注心理过程的意识动机，而知觉功能会直接记录过程本身。[1]

所以，在决定优势功能属于哪一种倾向时，观察者必须仔细观察哪一个功能大体上完全受到意识的控制，哪些功能具有偶发或随机的特质。优势功能（如果有的话）总是比其他功能具有更高度的发展，而其他功能总是具有幼稚、原始的特质。此外，必须一直牢记，观察者自己的类型气质必然会影响所有观察。

---

[1] *Psychological Types*, CW 6, par. 576.

外倾思维型

当一个人的生活主要经由内省来掌管，因此是根据理智思考过的动机来行动的，我们就说他是思维型的。这种运作方式结合朝向外在世界的导向，就是外倾思维型。

思维功能不必然与智力或思考质量有关，它只是指过程。当人在构想科学概念，思考日常新闻或计算餐厅账单时，就是在思考。至于是外倾或内倾，就要根据思维被导向客体还是主体而定。

外倾思维由感官知觉传递的客观数据制约。思维是理性或判断的功能，所以它以做出判断为前提。为了做出判断，外倾思维功能会注意外在情境提供的判定标准，也就是通过传统和教育所传达的标准。

外倾思维型的人会对客体着迷，好像没有客体就无法生存。他们的思考会围绕外在情况和环境打转。外倾思维型也可以像内倾思维型一样丰富而有创意，但不同类型的人可能会认为外倾思维型是相当局限的。

> 顾名思义，这种类型的人（当然了，这是就纯粹的类型而言）会不断努力让他所有的活动都依据理智的推论，而且其定位依据总是客观数据，包括外在事实或一般人接受的观念。这种类型的人看重客观现实或是客观取向的理性准则，将其视为标准原则，不只对自己如此，对整个环境也是如此。①

外倾思维型的人在最好的情况下，会成为政治

---

① *Psychological Types*, CW 6, par. 585.

家、律师、应用科学家、受人尊重的学者、成功的企业家。不论是处理文件、面对日常生活还是在商业会议中，他们都擅长建立秩序。他们对事实具有良好的判断力，能把清晰的思维带入情绪化的场合。他们是任何委员会里的重要资产，熟知议事规则，也知道在什么时候运用它们。

而在最坏的情况下，这种类型的人会成为宗教狂热者、政治的机会主义者、骗子、不容许任何异议的严厉教师。

根据荣格的说法，极端的外倾思维型会要求自己和别人都服从他们的"准则"——一套规矩、理想和原则，结果这套系统会成为僵化的道德规范。他们的基准点是正义和真理，根据的是他们认为对客观现实最纯正而可理解的构想。他们的理智立场最显眼的部分是"应该"和"必须"，他们身边的人必须为了所有人好而遵守"普遍的法则"：

第二章　外倾特质与四种功能

如果准则够宽广，这种类型的人可能在社交生活中扮演非常有用的角色，比如改革者、公共事务执行者、良知的净化者或是重要创新事物的宣传者。但准则愈僵化，他就愈可能发展成严格执行纪律的人、挑剔的人、道貌岸然的人，强迫自己和别人都成为同一副模子里的人。①

由于外倾的倾向，若是隔着一段距离来看这种类型的人的活动和影响力，人们会比较欣赏他。但家人和朋友很可能经历不舒服的体验，因为和他相处会觉得他很专制。往往是没有私人关系的人，才会愿意回应他们的理想和崇高的原则。

外倾思维型最有害的影响，见于以这种方式运作的人。因为这样的人存在的基本参考点是客观的观念、理想、规矩和原则，他们很少关注主体。

---

① *Psychological Types*, CW 6, par. 585.

过去不曾，未来也不可能设计出可以包含并表达人生多重可能性的理智公式，这个事实必然导致同样重要的其他活动和生活方式受到抑制或排斥……。根据外在环境或内在气质，被理智倾向压抑的潜力早晚会干扰意识的生活行为而使他们有所感觉。当干扰达到一定的程度，就是我们所说的神经症。[①]

最与思维对立的功能就是情感。所以如图3所示，这个类型的内倾情感功能必然是劣势功能，意思就是依据情感而产生的活动（美感的品位、艺术感、友谊的培养、与家人共处的时间、相爱的关系等）是最容易被损害的。玛丽-路易丝·冯·弗兰兹描写道，内倾情感功能是"非常难以了解的"：

---

① *Psychological Types*, CW 6, par. 587.

第二章 外倾特质与四种功能

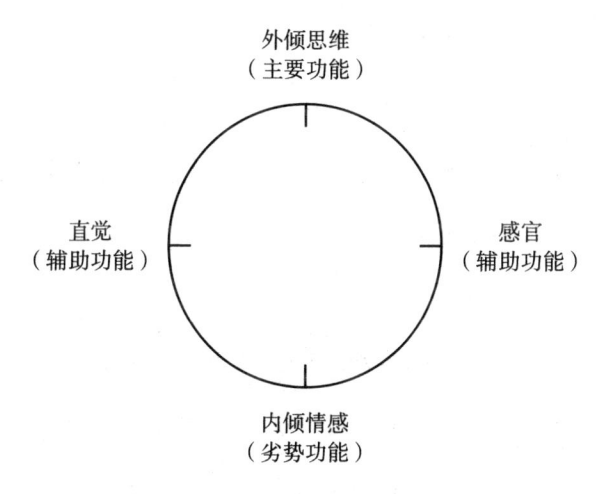

```
        外倾思维
      （主要功能）

直觉                    感官
（辅助功能）          （辅助功能）

        内倾情感
      （劣势功能）
```

图3 外倾思维型的基本模型

奥地利诗人赖内·马利亚·里尔克（Rainer Maria Rilke）就是非常好的例子。他曾写出……"我爱你，但不关你的事！"这是为爱而爱！情感非常强烈，但没有流向客体，比较像是人内在的爱的状态。这种情感当然很容易被误解，而这种人也会被认为是非常冷漠的人。其实他们一点也不冷漠，只是情感全都留在了内心。①

就外倾思维型的人而言，情感功能是幼稚且被压抑的。荣格写道：

> 如果压抑成功的话，潜意识就会以一种与有意识的目标相反的方式发挥作用，甚至产生个人完全成谜的作用。例如，这个类型的人意识中的利他行为往往是超凡的，却可能被暗中的追逐私利所阻挠，对自己不感兴趣的行动加以自私的扭曲……。有些外倾的理想主义者如此沉浸于拯救人类的渴望，以至于在追求他们的理想时，不怕说谎或欺骗。……他们认可的座右铭是不计一切手段，只论结果。只有以潜意识运作且在暗中

---

① *Leetures on Jung's Typology* (Zurich: Spring Publication, 1971), p. 39.

第二章 外倾特质与四种功能

进行的劣势功能，才会引诱原本声誉良好的人误入这种歧途。[1]

劣势的内倾情感功能在意识倾向中的典型表现多少是不顾个人的，这就是为什么这种类型的人可能看起来冷漠、不友善。可是从他们的角度来看，他们只是对事实较有兴趣，而不管他们的态度对别人可能有什么影响。

在极端的情形下，这会导致他们忽略自身和家人的重要利益。在补偿作用下，潜意识的情感会变得高度个人化和过度敏感——对别人气量狭小、好勇斗狠、多疑猜忌。

同时，他所信奉的理智"公式"（其实可能真的具有内在价值）会变得更僵化与教条化，完全拒绝任何修正，甚至可能具有宗教的绝对性质。

---

[1] *Psychological Types*, CW 6, par. 588.

> 现在，所有被它压抑的心理倾向都在潜意识中形成了对立面，引起一阵又一阵的怀疑。意识的倾向愈尝试抵御怀疑，意识的态度就会变得愈狂热，因为狂热主义就是对怀疑的过度补偿。这种发展最终导致对意识立场的过度防御，也在潜意识中形成与之绝对对立的对立面。①

这时，意识倾向有彻底崩溃的危险。除非造成干扰的潜意识因素被带入意识，否则外倾者原本正向而有创意的思考就会变得迟钝与退化。准则堕落成理智的迷信，个体则变成阴沉、怨恨的学究，或是在极端的情形下成为厌世的隐士。

这种类型的劣势内倾情感功能也会以比较令人不舒服的方式表现出来，但这对于观察者而言仍是令人困惑的：突然又莫名其妙的情绪爆发；激烈而持久的

---

① *Psychological Types*, CW 6, par. 591.

"不合理"的忠诚；违反所有逻辑的深情依附或对神秘事物的兴趣。

在这些例子里，意识的思维过程被原始反应推翻，这些反应的来源是主体的潜意识与未分化的情感。

外倾情感型

外倾情感就像外倾思维一样，由客观数据引导，且通常与客观价值一致。

情感功能作为决定某种东西具有什么价值的理性功能，可能被人以为是基于主观价值。可是，根据荣格的说法，只有内倾情感才是如此：

> 外倾情感会尽可能脱离主观因素，让自己完全服从客体的影响。即使看起来没有受到具体客体的限定，它仍然会信服传统的或普遍被接受的某种价值。[1]

---

[1] *Psychological Types*, CW 6, par. 595.

第二章 外倾特质与四种功能

外倾情感的特征是试图制造或维持周遭环境的和谐状态。例如，外倾情感型的人赞赏某种东西"美丽"或"很好"，并不是出于主观评估，而是因为根据社交处境，这样做是适当的。这并不是假装或虚伪，而是以外倾的方式做出真诚的情感表达，是一种适应客观标准的行为。

> 例如，一幅画被称为"美丽"，是因为挂在客厅，上面有名人的签名，而这通常被认定为美丽的，或是因为说它"丑陋"很可能会冒犯这家人或有幸拥有这幅画的人，或是因为访客想制造愉悦的气氛。为了这个目的，每一件事都必须是让人觉得愉快的。[①]

没有外倾的情感，就几乎不可能有"文明的"社交生活。文化的集体表现要依靠它。大家会由于外倾

---

① *Psychological Types*, CW 6, par. 595.

的情感而走进音乐会、教会和剧院,参加商业会议、公司聚餐、生日宴会等,送圣诞卡、复活节卡,参加红白喜事,庆祝周年纪念,并记得母亲节。

外倾情感型的人通常是和蔼可亲、容易做朋友的人。他们会快速评估外在处境的需要,愿意为别人牺牲自己。他们营造出温暖、接纳的氛围,让宴会欢乐地进行。除了极端情形,即使主体因素被大量压抑,情感仍具有某种私人特质——与别人有真诚的交流。这种人给人最显著的印象是对外在情境和社会价值有良好的适应。

荣格这样描述女性的外倾情感功能的典型表现:

> 爱"适当的"男人,而且只爱一个;他适合的原因不是他符合她隐藏的主观本质(她对此通常一无所知),而是因为从年龄、地位、收入、体型和他的家庭受尊重的情形等来看,他符合所有合理的期待……。

第二章 外倾特质与四种功能

> 这种类型的女人的爱情……是真诚的,不只是精明而已……。世上有无数这种"合理的"婚姻,而且绝对不是最糟糕的婚姻。只要丈夫和孩子有幸具有符合习俗的心理体质,这些女人是良好的陪伴者与绝佳的母亲。①

这种类型的危险在于被客体(传统和一般人接受的标准)淹没,以至于全然失去主观情感的样貌,也就是发生在自身的东西。

缺乏个人特色的外倾情感功能会完全失去自己的魅力,而且就像一般的极端外倾特质一样,无法意识到隐晦不明、自我中心的动机。它符合外在情境呈现出的要求或期待,且停留在此处;它满足当下必需的美学,却是枯燥之味的。正常的真诚情感表达会变得机械化,同理共感的姿态看起来好像演戏或是经过

---

① *Psychological Types*, CW 6, par. 597.

计算。

如果这个过程再发展下去，就会导致奇怪而矛盾的情感分裂。每一件事都成为情感评估的对象，形成无数彼此不一致的关系。个人真实立场的最后残迹，也会被压抑。但只要主体得到任何适当的强调，就不太可能发生上述状况。在无数不一致的关系中，主体会变得过度陷入各种个人情感过程交织的网络，以至于观察者觉得好像只剩下情感过程，不再有情感的主体。这种状态的情感已丧失人性的温暖；给人的印象是演戏、善变、不可靠，最坏的情形则是歇斯底里。①

对于这个类型而言，最重要的是与环境建立良好的情感交流。但这一点变得太重要时，主体（情感的

---

① *Psychological Types*, CW 6, par. 596.

当事人）就被吞没了。于是情感失去个人的特质，变成为了情感而有的情感。人格本身消失于一连串短暂的情感状态，而这些状态往往是彼此冲突的。观察者看到的是显然互相矛盾的不同心情与叙述。

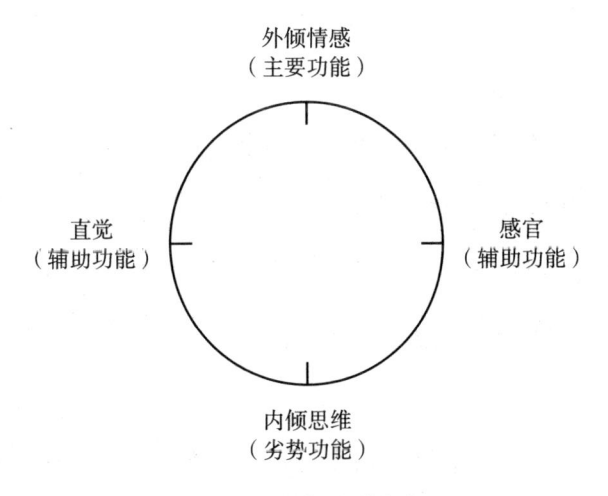

```
                    外倾情感
                   （主要功能）

      直觉                          感官
    （辅助功能）                  （辅助功能）

                    内倾思维
                   （劣势功能）
```

图4　外倾情感型的基本模型

事实上，情感占优势时，另一项理性功能——思维，必然会被压抑。干扰情感最甚的莫过于思维（反之亦然）。情感型的人不需要思考某个人或某件事对他们有什么价值，他们就是知道。

外倾情感型的人可能会想很多，事实上也想得相当清楚，但思维与情感相比，总是居于次要地位。由于逻辑推论、思维过程很可能干扰情感，所以会立刻被拒绝。荣格写道："每一件符合客观价值的事物都是好的，是被爱的，而其他的每一件事似乎……存在另一个世界。"①

在极端情形下，潜意识健康的补偿倾向会变得明显对立。这种对立最初会以过度展示情感来表现，滔滔不绝的谈话、激昂的宣告等，似乎是想阻绝不符合当下"所需"情感的逻辑推论。

> 外倾情感型的思维虽然被当成独立的功能而受到压抑，但压抑并不彻底，……它不愿以情感仆人甚至是情感奴隶的形式存在。……于是，这个类型的潜意识最重要的是包含一种特殊的思维功能——幼稚、原

---

① *Psychological Types*, CW 6, par. 598.

第二章 外倾特质与四种功能

始、负面的思考。只要意识的情感保留个人特质,或者换一种方式来说,只要人格没有被一连串的情感状态吞没,这种潜意识的思维就仍有补偿的作用。[1]

可是,当人格瓦解为一连串矛盾的情感状态时,自我认同就会丧失,而主体就会落入潜意识。意识的情感愈强大,潜意识的对立也愈强大。荣格写道:"'只不过是'思维形式的功能在此得到自己的地位,因为它能有效削弱所有依附在客体的情感。"[2]

这种类型的人有时对他们的情感最重视的人会有最负面、轻视的想法。事实上,这种想法的存在(正常情形会隐藏在背景里),正是外倾情感是优势功能的主要指标之一。

冯·弗兰兹指出,这种想法是一种很典型的基

---

[1] *Psychological Types*, CW 6, par. 600.
[2] *Psychological Types*, CW 6, par. 600.

于悲观、怀疑的人生观，而且这些想法通常会转向内在。

> 他打从心底认为自己无足轻重，他的人生毫无价值。每一个人都可能有所发展，走上自性化（individuation）的道路，但他没有希望。这些想法住在脑袋后面，当他沮丧或状况不好时，特别是在他内倾的时候（也就是当他独处半分钟的时候），这些负面的东西就会不时在脑后低语："你无足轻重，你的一切都不对劲。"①

结果，外倾情感型的人会痛恨独处。每当这种负面想法开始出现，他们惯常的反应就是打开电视或冲出去找朋友。

---

① *Jung's Typology*, p. 45.

外倾感官型

外倾感官功能很明显会导向客观现实。感官功能不论是内倾还是外倾，都是通过身体和五官来知觉，自然要依赖客体。但我们将在内倾感官功能的人身上看到，客观知觉的东西也可能导向主体。

在外倾感官功能中，主体成分受到约束或压抑，对客体的回应受到客体的制约。当这是一个人习惯的运作方式，我们就称其为外倾感官型。

这个类型的人会寻找可以引发最强烈感官作用的客体，包括人和处境。结果就是与外在世界有强烈的感官联系。

> 只要是能刺激感官的客体，就会受到重视，而且只要在感官力量的范围内，不论是否符合理性判断，都会完全被意识接受。其价值观的唯一标准就是它们的客观性质引发的感官强度，……可是，只有感官可以知觉的具体客体或过程，才能激发外倾者的感官作用——此处指的是每个地方的每一个人都觉得具体的客体或过程。因此，这种人的定位与纯粹的感官现实是一致的。[①]

虽然这种人对抽象现实没有耐性，也不太了解，但他们对客观事实的辨别力有极为良好的发展，是生活细节的大师。他们看得懂地图，能在陌生的城市找到路；房间整齐清洁；不会忘记约会，也很守时；不会遗失钥匙；总是记得关好炉火，不会让电灯彻夜通明。他们可见于工程师、编辑、运动员和商人。

---

① *Psychological Types*, CW 6, par. 605.

第二章 外倾特质与四种功能

外倾感官型会注意生活的外表。他们具有时尚的意识，喜欢无懈可击的穿着；他们会料理佳肴，还会准备大量好酒；让自己周围环绕着精致的物品和美好的人群。他们喜爱宴会和活跃的运动、会议、委员会。他们是"因为它在那里"而攀爬珠穆朗玛峰的人。不愿分享自己类型偏好的人，会被他们称为乏味、胆小的人。

简言之，这种类型以具体的享受为导向，全身心地投入"真正的人生"，生活得非常充实。

> 他一直以来的目标就是去感觉客体，对它们产生各种感官反应，如果可能的话就享受它们。他绝不是不可爱，刚好相反，他享受的鲜活能力使他成为非常好的同伴；他通常是令人快活的伙伴，有时是精致的审美家……超过具体范围的推测，只有在能加强感官时，才会被他认可。强化不一定是愉悦

的，因为这个类型的人不一定是一般耽于声色的人。他只是渴望最强烈的感官作用，而且根据他的本质，他只能从外在接收到这些强烈的感官作用。①

理想的外倾感官型对现实有良好的适应，如实呈现事物——事物就是他们所见、所体验到的。他们的爱完全取决于被爱者的身体吸引力。伴侣的想法、感受或疑惑，他们几乎没有兴趣，但他们会注意并谈论其他类型的人忽略的细节：剃须水的品牌、耳环的款式、新的发型、服装的式样。他们也可能是绝佳的情人，因为他们触摸时给人的感觉会自然与别人的身体调和一致。

---

① *Psychological Types*, CW 6, par. 607.

第二章 外倾特质与四种功能

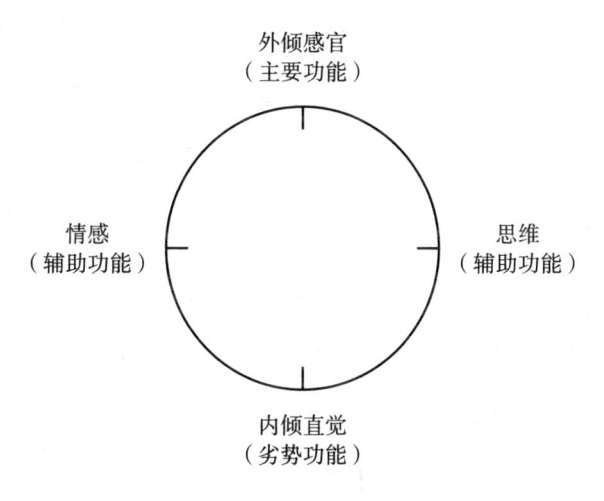

```
         外倾感官
        （主要功能）
            │
   情感 ───●─── 思维
（辅助功能）   （辅助功能）
            │
         内倾直觉
        （劣势功能）
```

图5　外倾感官型的基本模型

这个类型的致命伤就是内倾直觉功能。凡是不根据事实的，看不见、听不到、摸不了或闻不着的，都会自动受到这个类型的怀疑。任何来自内在的东西似乎都是病态的，只有在有形现实的范畴内，他们才能自由呼吸。他们会用客观原因或别人的影响来解释自己的想法与感受；心情出现变化，他们会毫不犹豫地怪罪天气；心理冲突是不真实的，"只不过是"想象，是不健康的事态，在朋友环绕时会很快消除。

主体内在的劣势直觉功能会以负面的征兆、多疑的想法、灾难的可能性、阴暗的幻想表现出来。冯·弗兰兹说，劣势直觉功能就"像一只在垃圾桶嗅闻的狗"。①

这个类型最令人讨厌的特质就是对感官的追逐达到废寝忘食的地步。在极端情形下，他们会变成粗野的寻欢作乐者、不公正的美学家、粗俗的享乐主义者。荣格描述这种情形的男人的样子：

> 虽然客体对他是不可或缺的，也是某种自己存在的东西，但它仍受到贬抑。它受到无情的剥削，被榨干，因为它唯一的用处就是刺激感官。客体被奴役到极致。结果，潜意识被迫把补偿的角色展现为公开的对立。此外，被压抑的直觉功能也开始以投射的方

---

① *Jung's Typology*, p. 24.

第二章 外倾特质与四种功能

式表现出来。①

此处的投射会产生最疯狂的怀疑、嫉妒的幻想和焦虑的状态,特别是当性欲也牵涉其中时。其来源是被压抑的劣势功能,而且会更加明显,因为它们原本就基于最荒谬的假设,与外倾感官型的人意识中的现实感和平常随和的倾向完全相反。

> 较严重的情形,会出现各种畏惧症,特别是强迫症状。病态的内容具有显然不真实的特征,常常带有道德或宗教的味道……或是怪异而谨慎的道德观,伴随着原始、"魔法"的迷信,诉诸深奥难懂的仪式。……思想和情感的整个结构似乎……被扭曲成病态的拙劣模仿:推理变成拘泥细节的卖弄学问,道德观变成不切实际的说教和全然伪善

---

① *Psychological Types*, CW 6, par. 608.

的形式主义，宗教变成荒谬的迷信，而人身上最尊贵的天赋——直觉，则成了好管闲事的干预。拨弄每一个角落，而不是看向远方，堕落到最卑劣低下的层次。①

任何功能达到不正常的偏颇程度时，就总是有意识被潜意识压倒的危险。

当然了，心理状态变成病态的情形只是少数。较常见的情形是补偿的劣势功能仅仅在人格中传递出一些不一致的氛围。以这个类型的人为例，内倾直觉功能可见于对宗教的天真依附，对神秘玄学或突然的灵性洞见产生幼稚的兴趣。

---

① *Psychological Types*, CW 6, pars. 608ff.

外倾直觉型

直觉是潜意识知觉的功能。在外倾的倾向中，直觉指向外在客体且受其制约。当这种运作方式占优势时，就说这样的人是外倾直觉型。荣格写道：

> 直觉功能在意识中由预测的态度及想象力、洞察力来代表，但我们只能根据接下来的结果才能确认"被看见"的有多少是真的发生在客体，有多少是被"过度解读进去"的。就像感官功能一样，当它是优势功能时，就不只是对客体没有进一步意义的反应过程，而是捕捉、塑造客体的活动。所以，

直觉不只是知觉或洞见，而是积极的创造过程，会把东西投入客体，正如它从客体取出东西一样。由于它是在潜意识中这么做的，所以对客体也有潜意识的作用。①

直觉的主要目的是感知其他功能所不了解的世界的侧面。直觉就像第六感，能"看见"某种并不真正存在的东西。直觉的想法是突然出现的，可以说就像预感或猜测一样。

外倾者的直觉朝向事物和他人，他们有一种卓越的能力来感知幕后或表面之下正在发生的事，能"看穿"表层。感官型的感知比较世俗，能看见"事物"或"人"，而直觉型能看见其灵魂。

直觉占优势时，思维和情感或多或少会受到压抑，而感官（另一种非理性功能，但与物理现实协调一致）则是意识最无法取用的功能。

---

① *Psychological Types*, CW 6, pars. 610.

第二章　外倾特质与四种功能

感官是一种障碍，让人无法得到清澈、没有成见、朴素的知觉；它那造成干扰的感觉刺激把注意力导向物质表面，导向周遭的事物，而直觉试图窥视超越表面的部分……。当然了，（直觉型的人）确实具有感官作用，但他不会被它们所引导；他只是把它们当成知觉的起点。他会用意识的偏好选择它们。①

外倾感官功能寻找物质现实面的高潮，而外倾直觉功能则致力于领会客观情境中具有的最大可能性。对于前者而言，客体就只是客体；后者则穿过客体的外在样貌，密切注意可以用它来做什么，可以如何被运用。

---

① *Psychological Types*, CW 6, pars. 611.

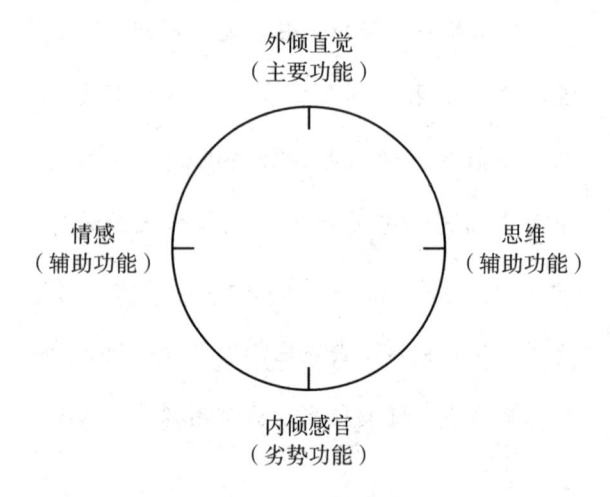

```
                    外倾直觉
                   （主要功能）

    情感                              思维
  （辅助功能）                      （辅助功能）


                    内倾感官
                   （劣势功能）
```

图6　外倾直觉型的基本模型

一位感官型的商人邀请直觉型艺术家朋友为他的新公司设计商标，公司名称是钟塔公司（Belltower Enterprises）。艺术家想出下列设计（如图7所示）：

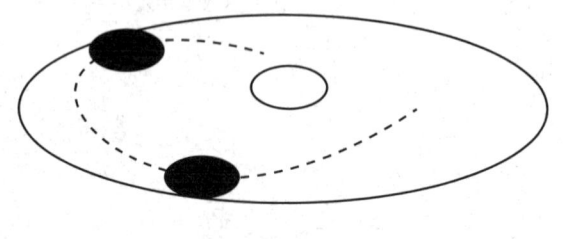

图7　设计示意图

第二章　外倾特质与四种功能

感官型问："这是什么？"他真的很困惑，因为他只看见三个椭圆形被虚线连接。

直觉型解释："你看不见吗？虚线显示钟摆的锤在敲钟时如何移动。"

进入一个空房间时，两者之间的差异同样明显。感官型看见光秃秃的墙壁、破旧的窗扉、肮脏的地板。直觉型看见的却是可以怎样使用空间：涂上柔和漆面的墙壁、挂着的图画、光亮的地板、干净的窗户和窗帘，甚至连家具都摆好了。

感官型的人只看见面前的东西，直觉型的人面对同样的景象，则看见转化后的情形，好像有一种内在的影像，好像房子已经布置好家具，完全重新装修过。感官功能做不到这一点，感观型的人只能看见当时那一刻的实际情形。因此，感官型的人为布置房子而购物时，最好带着直觉型的人一起去。当然，反过来也是如此。因为直觉型的人着迷于各种可能性时，感官型的人会注意到地下室会不会渗水、管线的状况、插座够不够用、附近学校的距离等。

外倾直觉功能会一直密切注意新的机会及可以征服的新领域，对现有的情境无法保持长时间的兴趣。直觉型的人很快就会对"就是如此的事情"感到厌烦。直觉功能可以找出可能性，但要实现它们，就需要感官功能和思维功能合力。

> 由于外倾直觉功能由客体来定位，所以他们非常依赖外在情境，但完全不同于感官型的依赖。一般公认的现实价值的世界中，永远找不到直觉型的人，但他对任何崭新的、正在成型的东西，都具有敏锐的嗅觉。因为他总是在寻找新的可能性，稳定的状态会使他窒息……。只要远远地看见新的可能性，直觉型的人就会在命运的指引下跟随它。[1]

---

[1] *Psychological Types*, CW 6, pars. 613.

第二章　外倾特质与四种功能

外倾直觉型的主要困境就是在看似保证得到自由或刺激的处境中,一旦可能性消耗殆尽,很快就会有禁锢的感觉。他们很难对某种东西坚持久一点。只要不再能凭直觉做出进一步的发展,他们就会离开,寻找某种新的东西。

他们的特点是明显缺乏判断力,因为良好的判断来自发展良好的思维或情感功能。可是极端的直觉型不会受到自己或别人的想法或情感影响。他们的洞见才是最重要的,他们对其他任何事都不感兴趣。别人可能认为他们冷酷无情,只会剥削利用,但他们只是过度片面地忠于自己的类型。

然而,这种人却是文化和经济学领域不可或缺的人,他们特殊的天赋使他们适合成为需要看见外在处境可能性的专业人士。这种类型可见于企业领导者、创新企业家、投机的证券经纪人、有远见的政治家等。在社交层面,他们拥有不可思议的能力,可以做出"正确"的联结。

当这种类型相对而言更朝向人而不是事物时，他们会展现出挖掘潜在人才的卓越能力，因此他们常常能找出别人身上最好的部分，可以当不可思议的媒人。他们也自然地成为（具有前途的）少数族群的支持者，且拥有无可比拟的能力，可以点燃别人对任何新事物的热情。不过，他们自己可能隔天就对它漠不关心了。

外倾直觉型对有创造力的艺术家的作品情有独钟，从心理学来看，非常适于看见其商业化的可能性并有一番作为。冯·弗兰兹谈道：

> 有创造力的人本身往往是内倾的，沉浸在自己的创作里，无法为了宣传而从工作中走出来。他们的工作要消耗如此大的能量，以至于无力烦恼如何将之呈现给世界，如何宣传，或是任何这方面的事……于是常常要靠外倾直觉型的人帮忙。可是，如果外倾直

第二章 外倾特质与四种功能

> 觉型的人一辈子做这些事，就会把自己具有的小小的创作能力投射到艺术家身上，于是丧失了自己。所以，外倾直觉型的人早晚必须……照顾自己的劣势感官功能，以及可能从中浮现的东西。[①]

这是外倾直觉型很大的危险：把自己的时间和精力消耗在可能性中，特别是别人的可能性中，却不曾实现任何自己的东西。他们无法停在原地不动；他们开启一些事情，却无法维持兴趣以完成它们。出于这个理由，他们往往被别人看成轻浮、草率或不负责任的投机者。他们可以预见成果，却无法费心实行它。典型的情形是他们启动一项事业，却把它留在成功的边缘。因此，往往是他们栽种，却由别人收割。

这种类型的人愈极端（自我愈认同所有预见的可能性），潜意识就愈从补偿的角度变得活跃。

---

① *Jung's Typology*, p. 31.

人格类型：我们何以不同

> 直觉型的潜意识有点像感官型的潜意识，思考和情感受到大量压抑，出现幼稚、原始的想法和情感，类似对立的类型。它们采取强烈投射的形式，就像（感官型的投射）一样荒谬，但缺少后者的"魔法"特征，主要是关注半现实的东西，比如性方面的猜疑、财务的危机感、疾病的不祥感等。①

这种类型的其他病态症状包括精神官能性的畏惧症，还有潜意识、强迫性地联结到客体引发的感官作用，不论客体是别人还是有形的财物。

此外，由于内倾感官功能在此是最劣势的功能，当事人的意识和身体通常会有明显的分裂。即使是"正常"的外倾直觉型，也很容易忽略自己的身体需求。比如他们不会注意到自己的疲倦或饥饿。这种对主体的忽略，最终会让他们以各种形式的身体疾病付

---

① *Psychological Types*, CW 6, par. 615.

出代价，包括真实或想象的疾病。

这种类型的补偿性劣势功能更常见但较不具伤害性的表现方式，是过度注意身体、个人卫生、流行的保健方式、健康食品等。

第三章　内倾特质与四种功能

内倾的意识当然可以对外在情境有良好的觉察，但主观因素才是关键的推动力。外倾者对来自客体（外在现实）并作用于主体的事物做出回应，内倾者则主要关注客体在主体（内在现实）中引发的印象。

第三章 内倾特质与四种功能

内倾的倾向

相对于外倾特质基本上是与来自外在世界的客体和数据建立关系，内倾特质的特征是在内在、个人的因素中找到自己的定位。

这种类型的人可能会说："我知道如果我那样做，会给我父亲最大的快乐，但我就是不会用那个方式去想。"或是"我看见天气转坏了，即使如此，我还是要执行我的计划。"这个类型的人旅行不是为了乐趣，而是执行预先考虑好的想法……。每一个步骤都必须得到主体的同意，否则就什么都不能进行或执行。这种人会对圣奥斯丁说:"如果天主教会的权威没有强迫我相信,我才可能相信福音。"他总是必须证明他做的每一件事都取决于自己的决定和信念,绝不是受任何人影响,也不是渴望讨好或安抚某个人。①

内倾的意识当然可以对外在情境有良好的觉察,但主观因素才是关键的推动力。外倾者对来自客体(外在现实)并作用于主体的事物做出回应,内倾者则主要关注客体在主体(内在现实)中引发的印象。

荣格非常直率地描述了这个类型的特质:

> 内倾的人不太回应别人,好像一直躲避客体。他对外在事件冷漠以对,并不投入,只要一发现自己处在人群之间,就表现出对

---

① *Psychological Types*, CW 6, par. 893.

社群明显的不喜欢。在大型聚会中，他会觉得孤单与迷失。愈拥挤的地方，他的抗拒就愈强烈。他一点也不"合群"，完全不喜欢热闹的聚会。他不是好的融入者，他所做的都要按他自己的方式，并设下障碍以对抗来自外在的影响……。他很容易不信任别人，固执，常常苦于自卑感，因此会嫉妒别人。他以周全的顾虑、卖弄学问、节俭朴实、小心谨慎、努力尽责、坚毅的正直、礼貌的行为和张大眼睛的怀疑，组成精密的防卫系统来面对世界……。在正常情况下，他是悲观多虑的，因为世界和人类一点也不善良，只会压垮他……

他自己的世界是安全的避风港，是高墙围绕、经过仔细照料的花园，不对公众开放，也避开窥视的眼睛。他自己的陪伴才是最好的。①

难怪内倾的倾向往往被视为自恋、自我中心、自负甚至病态。但从荣格的观点来看，这些观点只是反映出外倾倾向的正常偏见。从定义来看，外倾的人相信客体的优越性。

我们不要忘记（不过外倾的人太容易忘记），知觉和认知不是纯粹客观的，而是有主观条件的。世界不只是自己存在，而是也存在于我眼中……。过度重视客观认知的能力，会压抑主观因素的重要性。②

荣格所说的"主观因素"是指"心理的行动或反应——它们与客体产生的作用结合，由此产生新的心

---

① *Psychological Types*, CW 6, pars. 976f.
② *Psychological Types*, CW 6, par. 621.

第三章 内倾特质与四种功能

理数据"。①例如，以往人们认为所谓的科学方法是完全客观的，但现在人们已承认，对任何一种数据的观察与诠释，都受到观察者的主观倾向影响，也就是必然涉及观察者自己的期待与心理素质。②

荣格指出，我们对过去的知识，来自以前的人在经历和描述周遭事件时的主观反应。③从这一点来看，主观性是一种现实，它与对客观世界的取向一样，坚实地建立在传统和经验的基础之上。换句话说，内倾特质就像外倾特质一样正常。

当然了，两者都是相对的。外倾者认为内倾者不爱交际，无法或不愿适应真实世界；内倾者则认为外倾者肤浅，缺乏内在的深度。这种倾向和那种倾向都具有同样的正当性，因为两者各有其长处与短处。

荣格谈到，孩子内倾特质的迹象之一"是反省、

---

① *Psychological Types*, CW 6, par. 622.
② 例如，可参考 Fritjof Capra, *The Tao of Physics* (New York: Bantam Books, 1984).
③ *Psychological Types*, CW 6, par. 622.

思考的态度,明显的羞怯,甚至害怕陌生的客体":

> 在非常早期就显示出只接触熟悉客体的倾向,且企图掌握它们。未知的每一件东西都被视为不可靠的;外在的影响通常会遇到激烈的抗拒。孩子想走自己的路,且在任何情况都不会屈服于他无法了解的陌生规矩。他提出疑问时,并不是出于好奇或引发感官作用的渴望,而是因为他想要名称、意义和解释给予他主观的保护,以对抗客体。我见过一位内倾的孩子,他在知道房间内所有他可能碰触的物体的名称后,才第一次做出走路的尝试。①

这种驱邪动作——"魔法般"地去除客体的力量——也是成人内倾倾向的特征。他们有明显的偏

---

① *Psychological Types*, CW 6, par. 897.

第三章 内倾特质与四种功能

向，要贬抑事物和他人，否认它们的重要性。就像客体对外倾倾向的人占有过多的重要性一样，客体对内倾者而言具有太少的意义。

当意识被主观化，过多重要性被附加于自我时，自然会经由补偿作用，产生潜意识对客体影响力的强化。荣格写道，这使自我觉得"与客体之间好像有一种不容置疑、无法解除的束缚"：

> 自我愈努力免除义务，保留自己的独立与优越感，就愈受到客观数据的奴役。个人的心灵自由被经济不独立的耻辱所束缚，行动的自由在面对公众意见时会颤抖，道德上的优越感在不良关系的困境中崩溃，掌控的欲望结束在被爱的卑下渴望中。现在变成潜意识在处理他与客体的关系，它的做法是彻底毁灭权力的错觉和优越感的幻想。①

---

① *Psychological Types*, CW 6, par. 626.

这种心理状态的人，会用各种防御方法耗尽自己（为的是保存优越感的错觉），并做出徒劳无益的尝试以维持自己的权威——把他的意志强加于客体。荣格写道："他很害怕别人的强烈情绪，很难不去担心自己可能陷入怀有敌意的影响。"①

这当然会消耗大量能量。他会一直需要巨大的内在挣扎，才能坚持走下去。所以，内倾者特别容易出现精神衰弱。荣格谈道："这种疾病的特征一方面是极度敏感，另一方面则是很容易感到筋疲力尽，出现慢性疲劳。"②

在不极端的情况下，内倾者只是比较保守：他们很节省能量，宁可保持现状，而不愿东奔西跑。但因为他们习惯于主体导向，所以可能有明显的自我膨胀，伴随着无意识的权力驱动力。

虽然荣格辨识出了内倾者的"怪癖"，特别是被

---

① *Psychological Types*, CW 6, par. 627.
② *Psychological Types*, CW 6, par. 626.

外倾者批判的观点,但他也指出,内倾者"绝不是社会的损失。他退缩到自己内心并不是完全放弃世界,而是寻找宁静,他要这样孤单一人,才能对群体生活做出他的贡献"。①

此外,荣格写道,外倾者虽然容易逃避内省,但"自我的亲密对话"却是内倾者的乐趣:

> 在他的世界里,他会觉得自在,那里的改变都出自他自己。他最好的成果是用自己的资源,出于自己的进取心,并以自己的方式来完成的。在长期和往往令人厌倦的努力后,如果他终究能成功吸收一些陌生的东西,就有能力将之转为绝佳的益处。②

---

① *Psychological Types*, CW 6, par. 979.
② *Psychological Types*, CW 6, par. 977.

内倾思维型

　　内倾思维功能的定位主要依据主观因素。不论思考过程是否聚焦于具体或抽象的客体，它的动机都来自内在。

　　内倾思维功能依据的既不是当下的经验，也不是普遍被接受的传统观念。它和外倾思维一样符合逻辑，但不是由客观现实推动，也不是导向客观现实。荣格写道：

> 外在事实不是这种思维功能的目标或来源，虽然内倾者常常喜欢使他的思考像是如此。它开始于主体，虽然可能远远延

第三章　内倾特质与四种功能

> 伸到真正外在现实的范畴，但又会带回主体……。它会构思问题，创造理论，开启新的视野和洞见，但对于事实，它会抱持保留态度……。它认为，最重要的是发展与呈现主观的观念、即在心眼之前模糊盘旋的最初的象征意象。[1]

换句话说，外倾思维功能会试图直接得到事实，并对此进行思索；而内倾思维功能关心的是观念的澄清，甚至是心智过程本身的澄清，然后才（可能）关心其实际应用。两者都擅长把秩序带入生活，但一个的运作是从外在进入内在，另一个是从内在往外走。

从定义来看，内倾思维型的人并不是注意实际的人，他们容易成为理论家。他们的目标是强度而不是广度。他们跟随自己内在的观点，不是外在的观点。冯·弗兰兹如此描述他们：

---

[1] *Psychological Types*, CW 6, par. 628.

在科学界，这种人总是努力避免同事在实验中迷失。他们会一次又一次尝试回到基本概念，询问我们到底在想什么。物理学界通常会有实用物理学的教授和理论物理学的教授：前者讲授威尔逊云室与如何进行实验，后者讲授数学原理和科学理论。[1]

内倾思维型的人就像外倾思维型的人一样是很好的编辑，但他们会为用字的正确与否进行永无止境的过分讲究。由于他们的思考过程是符合逻辑且直接的，所以他们特别擅长填补所谓非线性思考或水平思考（从一个想法跳到另一个想法）的缺口，这种思考方式是直觉型的特征。如果他们是作家，那么专长并不是原创的内容，而是明晰、准确地组织和呈现既有素材。

---

[1] *Lectures on Jung's Typology* (Zurich: Spring Publication, 1971), p. 41.

第三章　内倾特质与四种功能

由于缺少外在事实的引导，内倾思维型的人很容易在幻想世界里迷失。他们的主体导向可能引诱他们为理论而理论。这些理论表面上是根据现实，其实却与内在意象息息相关。在极端的情形下，这种意象会吞噬他，使他与别人疏离。

可以预料到的是，这种类型的人往往对别人的意见不感兴趣，甚至能达到不受别人影响，也不想影响别人的程度。他们会按照自己的想法，对现实做出合乎逻辑的评估，但不在乎别人的反应。

这个类型特有的弱点即劣势功能，就是外倾情感功能。当人紧紧联结到思想与理想的内在世界，就很容易忽略客观的需要，例如关系。这种人并不是不会爱人，只是不知如何表达爱。他们的情感有难以预料的倾向，往往完全不知道自己有何感受，但情感浮现时通常会被情绪污染，可能无法控制，令人难以承受（正是这种时候，区分情绪反应和作为心理功能的情感，是非常重要的）。

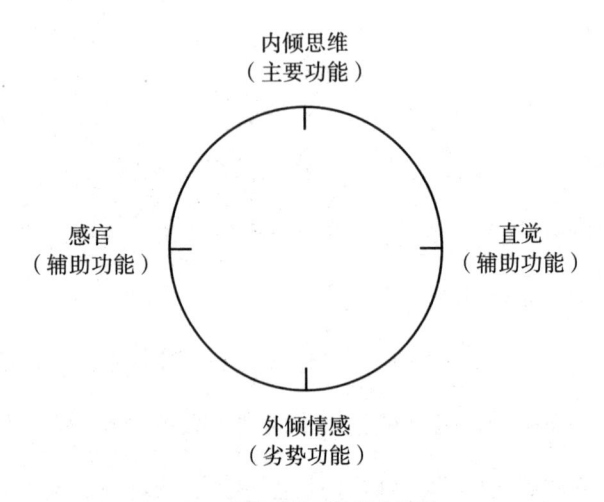

```
            内倾思维
           （主要功能）
              │
    ┌─────────┼─────────┐
感官│                   │直觉
（辅助功能）         （辅助功能）
    └─────────┼─────────┘
              │
           外倾情感
          （劣势功能）
```

图8 内倾思维型的基本模型

这种潜意识的情感有可能是一种惊喜，但是当它指向另一个人时，也可能非常沉重。冯·弗兰兹承认自己是内倾思维型的人，她说，劣势的外倾情感表现出来，会像一种"很黏的依附"。

外倾思维型的人深爱他的妻子，但就像里尔克说的："我爱你，但不关你的事！"而内倾思维型的情感会紧紧联结外在客体，所以他会用里尔克的风格说:"我爱你,而且是你的事;我会让它变成你的事!"……这两种类型的劣势情感都很黏,外倾思维型的人具有这种无形的忠实,可以永远持续下去;内倾思维型的外倾情感也是如此,差别在于并非无形。……它就像癫痫病人身上有如胶水的感情流,它具有那种像狗一样依附黏糊糊的依恋,特别是对钟爱的对象。这并不令人愉快。你可以把内倾思维型的劣势情感比拟成火山流出的炙热岩浆,1小时只移动了5英尺(约1.5米),但其所到之处会片甲不留。①

然而,劣势的外倾情感可以非常真诚。由于未经分化,它是原始的,不会算计。冯·弗兰兹写道:"就

---

① *Lectures on Jung's Typology* (Zurich: Spring Publication, 1971), p. 43.

像摇尾巴的狗一样。"①

　　这种人面对爱的对象当然非常脆弱。电影《蓝天使》(The Blue Angel)中，一位中年教授爱上年轻的歌舞女郎——一个热情的荡妇。她把他变成表演开场时介绍她的小丑。他是如此爱她，以至于放弃自己的学术生涯，彻底堕落。这个好例子说明了劣势情感功能的忠诚，但也说明了它的品位很差。

　　如上所述，内倾思维型的人倾向于关注内在意象甚于外在事实。例如，《蓝天使》中的教授不是被客观现实中使他着迷的普通舞者所影响——她其实曾试着警告他不要靠近。但他的内倾导向使他无法超越自己投射在她身上的意象。他把她看成完美的对象，真实的她所做或所说的一切都没有任何作用。

　　劣势外倾情感以相反方式表现时的典型情形，是让别人觉得被轻视和"不被看见"。荣格谈道：

---

① *Lectures on Jung's Typology* (Zurich: Spring Publication, 1971), p. 43.

第三章　内倾特质与四种功能

外倾思维型和内倾思维型的区别，就在于前者与客体的强烈关系，后者几乎完全缺乏……。如果客体是人，这个人会特别觉得自己只受到负面的注意；在较轻微的情形下，他只是意识到自己不受欢迎，但如果对方是较极端的类型，他就会觉得自己有如某种明显造成困扰的东西一样被对方避开。与客体之间的这种负面关系，范围可以从冷淡到厌恶。这是每一个内倾者的特征，让人很难描述这种类型的人。每一件与他有关的事都有消失、被隐藏的倾向。①

内倾思维者的普通朋友可能觉得他们不为别人着想、专横跋扈，但欣赏敏锐心智的人就会非常重视与他们的友谊。他们在追求自己的观念时，通常会很顽固，不愿被别人影响，这与他们容易接受私人事务

---

① *Psychological Types*, CW 6, par. 633.

方面的建议的情况形成了强烈对比。他们在这方面的特点是非常天真，轻信人，所以别人很容易占他们的便宜。

由于很少注意外在现实，这种类型的人是众所周知的"健忘教授""丢三落四的人"。这种特质可能很迷人，但当他们变得一心一意执着于自己的观念或内在意象时，就没有那么迷人了——他们的信念会变得僵化且不容妥协，他们的判断变得冷酷、过于直截了当且武断。在极端的情形下，他们可能丧失所有与客观现实的联结，远离朋友、家人、同事。

这是内倾思维和外倾思维两种功能在极端情况下的差异。荣格写道："后者沉浸的层次仅仅是对事实的表述，而前者则升华为对无法描述之物的表述，远远超出任何能被意象表达的事物。"①

这两种情形的进一步心理发展都会被扼杀，原本有建设性的思考过程被其他功能（感官、直觉和情

---

① *Psychological Types*, CW 6, par. 630.

感）的潜意识作用侵占。正常情形下，这些功能是对偏于一方的思维功能的健康补偿，但在极端情形下，补偿作用被意识抗拒，于是整个人格被负面而原始的情绪所影响，这些人成为尖刻、过度敏感而不愿与人往来的人。

内倾情感型

内倾情感功能主要是由主体因素决定的。它不关心客体,它与外倾情感功能的差异,就像内倾思维和外倾思维的差异一样。

我们很难了解这个类型的人,因为显现在表面的东西太少了。根据荣格的看法,"深藏不露"的说法适用于这种人。[1]由于他们是偏于一方的,所以看起来好像既没有情感,也完全没有想法。这种情形一方面很容易被误解为冷淡或冷漠,另一方面则容易被误认为愚笨。

荣格描述内倾情感功能的目标是"并非调整自己

---

[1] *Psychological Types*, CW 6, par. 640.

第三章　内倾特质与四种功能

适应客体，而是在了解背后意象的潜意识努力中，让客体服从它"：

> 它不断寻找的意象并不存在于现实之中，而是在一种幻象中。它不经意地掠过所有不符合目标的客体，努力追求内心的强度，对此而言，客体至多是一种刺激。这种情感的深度只能猜测，永远无法被明确地掌握。它使人沉默寡言，难以接近；它为了填满主体的深度，像含羞草一样回避野蛮的客体。它会说出负面的评判或摆出非常冷淡的样子，作为防御的方法。①

内倾情感型的情况类似内倾思维型，差别在于后者的每一件事都是想法，而前者则是感受。两者都以内在意象而不是外在事实为导向。内倾思维型的意

---

① *Psychological Types*, CW 6, par. 638.

象联结到想法和理想；内倾情感型的意象则以价值观表现。

由于这种类型的内倾特质会抑制外在的表现，所以这种人很少说出自己的感受。但是冯·弗兰兹提到，他们的主观价值体系通常会展现"对周遭环境正面而隐秘的影响"：

> 例如，内倾情感型的人经常成为团队的道德支柱，同时他们不会用道德或伦理的教条激怒别人。他们本身拥有这种伦理价值的正确标准，因而在无形中对周遭的人散发正面的影响力。别人会因为他们拥有这种正确的价值标准而端正自己的行为，他们在场时，总是让人觉得必须行为合宜。这是因为他们分化良好的内倾情感能看见什么是内在真正重要的因素。[1]

---

[1] *Jung's Typology*, p. 49.

第三章 内倾特质与四种功能

这种类型的人不会显露或展现自己,他们的动机(如果有的话)通常会隐藏得很好。他们有一种像谜一样不受外界影响的气场。他们倾向于回避宴会和大型聚会,这并不是因为他们认为参加的人不重要或不有趣(若是外倾情感型的人表示不参加,就可以假设是这些情形),只是因为他们用于评价的情感功能在同时有太多东西进来时会失去感觉。荣格写道:

> 他们大多沉默,不易接近,难以理解,常常隐藏在幼稚或平庸的面具之后,且他们的气质有忧郁的倾向。……他们外在的行为举止是和谐、友好、不引人注目的,给人一种怡然自得的印象,总是给人富有同理心的回应。他们没有影响别人,或是用任何方式去感动、左右、改变别人的欲望。……虽然一直准备好与人友好、和平共处……但他们并不会为了回应别人的真实情绪而做什么努

力……。这种类型的人在观察他人时，会带着亲切但又批判的中立性，夹杂着一丝优越感，使敏感的人立刻感到狼狈不堪。①

外倾的人，特别是以思考为优势功能的人，会对内倾情感型的人完全茫然困惑。前者觉得后者既奇怪又迷人，这种犹如磁性的吸引力出于其表面上的"空虚"（从外倾者的角度来看），而这种"空虚"渴望被填满。当然了，反过来也是如此：内倾情感型的人自然而然地会被团队中容易与人打成一片、擅长表达的人所吸引。两种情形都是将对方作为劣势功能的化身。②

这种相遇是日常生活常见的情形，随后发生的激烈冲突也是如此。虽然只要伴随着对彼此的洞察力，

---

① *Psychological Types*, CW 6, par. 640.
② 在人生后期，吸引力较常见于一个人的优势功能和另一人的辅助功能之间。这似乎是比较可行的组合，也许是因为与劣势功能有关的情结在这种组合中不太容易汇聚起来。

总是有维持持久关系的可能性的，但就如第一章中指出的，人们眼中相反类型的魅力很少无限期地持续。

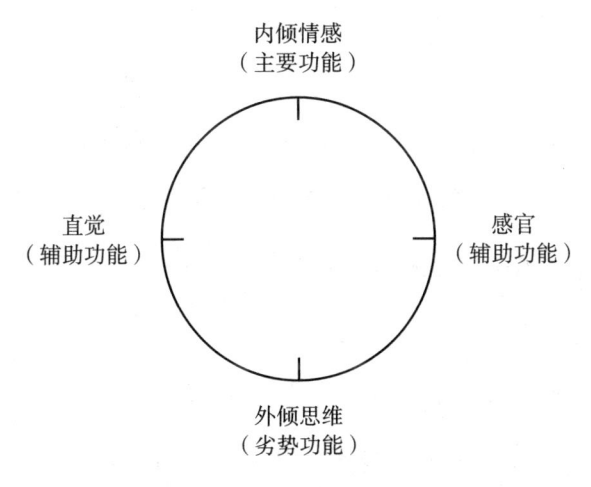

```
            内倾情感
           （主要功能）

  直觉                   感官
（辅助功能）           （辅助功能）

            外倾思维
           （劣势功能）
```

图9　内倾情感型的基本模型

正如内倾思维功能会被一种原始的情感（带着魔力的客体同时会附加其上）平衡一样，内倾情感功能也会被原始、劣势的思考所平衡。由于这种类型的人的思维功能是外倾的，所以有简化的倾向——坚持具体，盲从地导向事实。这其实是正常、健康的补偿，可以减轻主体的重要性，因为这种类型的人就像其他内倾类型一样，很容易变得自我中心。

若是不受约束，内倾者的自我会自以为比一切都更重要。关于这种情形，荣格写道："强烈情感的神秘力量转成平庸、自负的支配欲望，成为虚荣和专横跋扈。"[1]下意识的补偿过程被完全压抑时，潜意识的思考就会变得全然充满敌意，并被投射到环境之中。荣格描述这种类型的女性：

> 自我中心的主体现在感觉到被贬抑的客体的力量与重要性，她开始有意识地感觉"别人在想什么"。当然了，别人正在想的是各种卑鄙的事、诡计多端的邪恶、奸诈的计划、秘密的阴谋等。为了先发制人，她不得不开始找出对策，怀疑别人并加以试探，安排反制的方法。苦于谣言，她必须做出极大的努力来挽回优势，成为胜者……甚至滥

---

[1] *Psychological Types*, CW 6, par. 642.

用她的优点以得到制胜的王牌。这种情况必然结束于筋疲力尽。神经症的形式是神经衰弱而不是歇斯底里,往往带有严重的身体并发症,比如贫血及其后遗症。①

---

① *Psychological Types*, CW 6, par. 643.

内倾感官型

在内倾的倾向中，感官功能主要以知觉的主观成分为基础。虽然感官的本质一定要依赖客观的刺激，但被感觉的客体却次要于感觉的主体。

感官是一种非理性功能，因为它不导向判断的逻辑过程，只根据是什么和发生了什么。荣格说："外倾感官型虽然被客观影响的强度所引导，但内倾型的人却是被主体感官受客观刺激引发的强度引导。"①

内倾感官型就像感光度很高的摄影底片，对客体和他人的身体敏感度使他们可以接收每一个最微小的色调和细节——它们看起来像什么，摸起来的感觉是

---

① *Psychological Types*, CW 6, par. 650.

什么，它们产生什么样的味道、气味和声音。冯·弗兰兹写道，当艾玛·荣格（Emma Jung）说明自己的优势内倾感官功能的特质时，她才第一次了解这个类型。

> 有人进入房间时，这种类型的人会注意此人进入的方式、发型、脸部表情、衣着、走路的方式……吸收一切细节。印象从客体到达主体，好像一颗石头落入深海：印象会掉落得愈来愈深，沉入其中。表面上，内倾感官型的人看起来十足迟钝，但他只是坐着凝视，你不知道他内在发生了什么事，因为他看起来就像一块毫无反应的木头，……但印象在内在是被吸收的……快速的内在反应在他内部进行，而外在反应会延迟出现。这种人如果在早上听到一个笑话，可能到半夜

才会大笑。①

内倾感官型的人若是有创意的艺术家，就有能力以绘画或写作来表现生动的场景。例如，托马斯·曼（Thomas Mann）在描述场景的每一个细节时，能烘托出房间的整体气氛或人的整体感觉。法国印象派画家就是这类人，能精确复制出他们内心被真实世界的景象或人物所激发的内在印象。

这是外倾感官功能和内倾感官功能的差别。前者的艺术家会描绘出客体的写实样貌，后者却会忠实描绘出客体给主体造成的印象。荣格写道：

> 内倾感官型理解物质世界的背景，甚于其表面。具有决定性的事物不是客体的现实，而是主观因素的现实，是原始意象的现实，这些意象合起来就组成了心灵的镜像世

---

① *Jung's Typology*, pp. 27f.

第三章　内倾特质与四种功能

> 界。这面镜子具有特殊能力，会反映意识现存的内容。它反映的不是已知的、惯常的形式，而是……有点像具有百万年历史的意识可能看见的……内倾感官功能传递的意象主要不是复制客体，而是通过原始的主观体验来延伸意象的神韵……。而外倾感官功能则是捕捉事物此刻暴露在阳光下的存在。①

感官功能的主观因素基本上和其他内倾型相同。它是一种潜意识的气质，会从本源上改变感官知觉，使其失去了纯粹客观影响的特征。主观知觉以附着于客体的意义为导向，而不是客体固有的物理性质。

内倾者在自我表达方面特有的困难，也见于这个类型。荣格认为，这会隐藏内倾感官型的人的非理性本质：

---

① *Psychological Types*, CW 6, par. 649.

正好相反的是，他最显著的特点可能是他的安静与被动，或是他理性的自我控制。这个特质其实是出于他不与客体建立关系，但往往造成别人对他不正确的肤浅判断。正常情形下，客体丝毫没有受到意识上的贬抑，但它的刺激作用被移除了，立刻被主体反应取代，不再与客体的现实产生关系。这自然与贬抑有相同的效果。这种类型的人很容易让人质疑自己有什么必须存在的理由，或是一般的客体有任何应该存在的理由，因为没有它们时，每一件必要的事仍会持续发生。①

从外在来看，人们往往会有个印象，觉得客体的作用完全没有进入主体。在极端的例子里，这可能是真的——主体再也无法区分真正的客体和主观的知

---

① *Psychological Types*, CW 6, par. 650.

第三章　内倾特质与四种功能

觉，但正常情形下，对客体明显的漠不关心只是防御手段，这是内倾倾向的对抗外在世界的侵入或影响的典型表现。

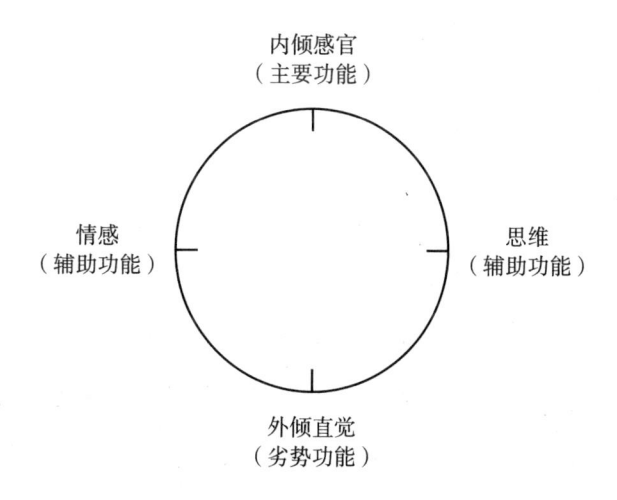

```
        内倾感官
       （主要功能）

情感                    思维
（辅助功能）           （辅助功能）

        外倾直觉
       （劣势功能）
```

图10　内倾感官型的基本模型

若没有艺术表达的能力，印象会沉入内心深处，使意识入迷。由于思维和情感也在相对潜意识的状态，外在世界的印象只能以原始的方式组织起来，只有很少或根本没有理性的判断能力来处理事情。根据荣格的说法，这种人"很难得到客观的了解，自己通常也不会比别人更了解自己"。①

冯·弗兰兹写道，这种类型的劣势外倾直觉功能"具有非常奇特、怪异、荒诞的特质……关注非个人的集体外在世界"。②如前所述，感官的偏向通常会压抑直觉，因为直觉会妨碍人们对具体现实的知觉。因此，这种类型的直觉功能在表现时，会有原始的特征。

> 虽然真正的外倾直觉功能具有卓越的能力，有"良好的嗅觉"，可以闻到客观的真实可能性，但这种原始化的直觉功能却对背景中潜伏的各种模糊、幽暗、污秽、危险的可能性特别敏锐。客体真实、有意识的意图对它毫无意义，相反，它会嗅到这些意图背后每一个可以想到的原始动机。因此，它具

---

① *Psychological Types*, CW 6, par. 652.
② *Jung's Typology*, p. 81.

第三章 内倾特质与四种功能

有一种危险而具有破坏力的性质,与善意、无害的意识倾向形成明显的对比。①

外倾感官型的人所获得的直觉与主体(他们自己)有关,而内倾感官型的人更容易对外在世界(他们的家人或"全体人类")可能发生的事情产生阴暗的、预言性质的幻想。冯·弗兰兹提到,他们也容易产生个体灵魂超越自我界限的洞见,掩饰他们惯常的务实本质。

这种类型的人在沿街走路时,如果看见一家店面橱窗里的水晶饰品,他的直觉可能就会立刻领会它的象征意义:水晶饰品的整个象征意义涌入他的灵魂……。这是被外在事件触发的,因为他的劣势直觉功能基本上是外倾的。当然了,他也具有与外倾感官型完全相同的不良特征:这两种类型的直觉往往都具有不祥的特征,如果没有经过处理,浮现的预言内容

---

① *Psychological Types*, CW 6, par. 654.

将是悲观、负面的东西。①

感官功能虽然能准确记录物理现实，但容易出现迟缓、动作慢的情形。由于其他功能都处于潜意识，这个类型的人很容易被当下的常规束缚，陷入困境。他们只关注此时此地的事物，很难想象可能发生的事，也就是直觉领域中的可能性。

荣格写道，只要感官型的人不对客体过于冷漠，"他的潜意识直觉对较荒诞、轻信的意识倾向具有良性的补偿作用"：

> 但只要潜意识出现对抗，原始的直觉就会浮现于表面，施展其恶性的影响，强加于个体身上，产生最反常的强迫意念。结果通常是强迫性神经症，歇斯底里的特征会被令人精疲力竭的症状所掩盖。②

---

① *Jung's Typology*, p. 29.
② *Psychological Types*, CW 6, par. 654.

第三章　内倾特质与四种功能

内倾直觉型

　　直觉功能就像感官功能一样，是非理性的知觉功能。后者是由物理现实推动的，而前者则以心灵现实为导向。主体因素在外倾的倾向中受到压抑，但在内倾者身上则是决定因素。当这种作用方式占优势时，我们就说这类人是内倾直觉型。

　　内倾的直觉指向潜意识的内容。虽然它可能被外在客体刺激，但荣格写道："它本身并不关心外在的可能性，而是关注外在客体在内在释放出的可能性。"[①]它能看见幕后的东西，全神贯注于被唤醒的内在意象，并对此着迷。

---

① *Psychological Types*, CW 6, par. 656.

荣格以晕眩发作的人为例。内倾感官功能会注意身体的问题，感知它的所有性质、强度、过程，它如何发生，持续了多久；内倾直觉功能看不见这些，而是探索问题引发的意象的每一个细节。"它紧紧抓住洞见，以最热烈的兴趣观察图像如何变化、展现，以及最后如何逐渐消逝不见"：

> 内倾直觉功能以这种方式感知意识的所有背景过程，就像外倾感官功能记录外在客体一样鲜明。因此对于直觉而言，潜意识意象的地位就像具体事物一样重要。但因为直觉排除了感官功能的合作……意象看起来好像与主体脱离，自行存在，与他没有任何关系。结果在上述的例子中，内倾直觉型的人如果晕眩发作，就不会想到他感知的意象可能是以某种方式指他自己。对判断（思维或情感）类型的人而言，这简直是无法想象

的，但这仍然是事实。①

内倾直觉型就像外倾直觉型一样，具有不可思议的能力，可以探测到未来的、情境中尚未显明的可能性。但直觉功能在此被导向内在，因此基本上见于先知和预言家、诗人、艺术家；在未开化的民族则是巫师，他们把神灵的信息传递给部族。

在较世俗的层次，这种类型的人容易成为神秘的白日梦者。他们不善沟通，常常被人误解，对自己和他人缺少良好的判断力，从来不曾完成任何事。他们从意象走到意象，荣格说他们"追逐潜意识丰富子宫里的每一个可能性"，却没有建立任何人与人的联结。②

这种类型特别容易忽视身体的一般需求，他们往往不太能觉察自己身体的存在或它对别人的影响，

---

① *Psychological Types*, CW 6, par. 657.
② *Psychological Types*, CW 6, par. 658.

往往显得（特别是对外倾者而言）现实对他们并不存在。其实，他们只是迷失于无益的幻想。但荣格也描述了这种类型的人对集体的价值：

> 潜意识意象的知觉来自如此丰盛而取之不尽的生命创造能量，如果从立即有效的立场来看，当然是无益的。但这些意象代表了可以为生命带来崭新潜力的可能世界观，所以这种功能对外在世界虽然是最奇怪的功能，但对整体心灵的经营却是不可或缺的，就像对应的人格类型对一个民族的精神生活是不可或缺的一样。若没有这种类型的存在，以色列就没有先知了。①

内倾直觉型的特征是看不清楚真实世界的细节，他们很容易在陌生的城市里迷路，把东西放错位置，

---

① *Psychological Types*, CW 6, par. 658.

忘记约会，很少准时出现，总是在最后一分钟才赶到机场。他们的工作环境通常很凌乱，找不到正确的文件、所需的工具、干净的衣服。他们身边很少有什么东西是井然有序的，容易迷糊过日子，要依赖感官取向的朋友的包容和善意。

对于别的类型而言，这种人的行为往往很恼人，这还算好的，更糟的是有人觉得他们很累赘。被人催促时，他们自己仍然毫不在意，反而指出细节"其实没那么重要"。

这种类型的人对实际现实的不关心，一方面很容易被误解为冷漠，另一方面则会导致他们的不诚实。他们忠诚的对象不是外在事实，而是内在意象。他们可能不是有意说谎，但他们对事件的记忆或回想实在很难符合所谓的客观事实。在极端情形下，这种类型的人可能成为朋友完全无法理解的人，最后，由于朋友觉得不受重视，他们的意见似乎无关紧要，这类人的朋友会愈来愈少。

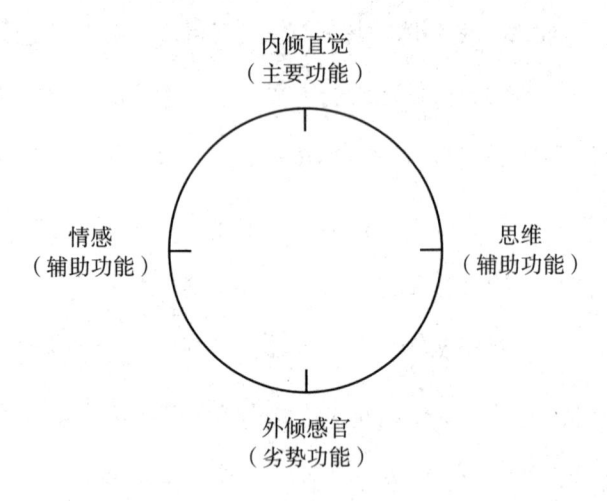

```
           内倾直觉
          （主要功能）

情感                        思维
（辅助功能）                （辅助功能）

           外倾感官
          （劣势功能）
```

图11　内倾直觉型的基本模型

极端的内倾直觉型会压抑两种判断功能（思维和情感），但最受压抑的是对客体的感官功能。这自然会引发具有原始性质的补偿性外倾感官功能。荣格写道，对这种潜意识人格"最佳的描述，就是像一种较低等、原始的外倾感官型"：

> 本能反应和缺少节制是这种感官功能的标志，再加上极度依赖感官印象。这种情形

补偿了直觉型意识态度的欠缺,使其具有一些重量,从而避免全然的"升华"。但如果意识倾向过度夸大而必须对内在知觉全然臣服,潜意识就会加以对抗,产生过度依赖客体的强迫性感官作用,直接抵触意识的倾向。这种神经症的形式是强迫性神经症,伴随疑病症状,感觉器官的过度敏感,以及对特别的人或客体建立强迫性关系。①

根据冯·弗兰兹的描述,内倾直觉型在性方面有特别的困难。②这种类型绝不是什么好情人,只因为他们对自己或伴侣的身体发生什么事情,是如此的没有感觉。同时,他们也容易有好色的本质,反映出劣势而原始的感官功能,加上缺乏判断力,所以会说出粗俗、在社交中不恰当的性暗示。

---

① *Psychological Types*, CW 6, par. 663.
② *Jung's Typology*, p. 35.

荣格承认，从外倾和理性的立场来看，内倾直觉型和内倾感官型"其实是最没有用的人"，但他们运作的方式仍然是有建设性的：

> 从较崇高的立场来看，他们是活生生的证据，说明这个丰富多样的世界及其中丰富、醉人的生活，并不是纯粹外在的，也存在于内在……。他们以自己的方式成为文化的教育家和推动者，他们的身教多于言教。从他们的生活，特别是从他们最大的缺陷（无法沟通）中，可以了解我们文明的最大错误，那就是迷信口头叙述，无限高估语言和方法的教育作用。①

---

① *Psychological Types*, CW 6, par. 665.

第四章 结语

人格类型不是绝对的，因为心灵的每一件事都是相对的。重点是有意识地觉察自己习惯运作的方式，评估自己在特定情境中的倾向和行为，并据此调整它们。如此一来，我们既能补偿个人气质，又能容忍运作方式与自己不同的人，因为这个人可能具有我们本身欠缺的力量或能力。

第四章 结语

为什么研究人格类型

人格类型的体系不过是人类共通点和差异性的粗略指示，荣格的模型也不例外，它的不同之处仅仅在于其参考点：两种倾向和四种功能。它没有显示，无法显示，也没有假装可以显示的，是个体的独特性。

没有人完全是某个类型。如果试图把个别的人格简化成这个或那个、只是某个或另一个东西，就未免太愚蠢了。在荣格的模型里，每一个人都是混合体，是倾向和功能混合而成的，而它们的结合是无法分类的。这是真的，荣格也特别强调：

不论你的描述多么完整，你也永远无法

提出适用于超过一个个体的类型描述,即使从某些方面来看,它确实贴切地描绘出了成千上万个人的特征。相似性是人的一面,独特性则是另一面。①

但这不能抹杀他的模型的实用价值,特别是在临床情境中。一个人在自身心理的暗礁搁浅时,如果少了某种形式的模型,就会在许多混乱的意见中感到无所适从,好像在丛林里迷路而没有指南针。

心理类型学的目的不是把人区分成不同的种类,这种做法本身实在没有什么意义。它的目的在于提供一种批判性的心理学,使我们能对观察到的素材做出有条理的研究和描述。首先,最重要的是它对研究者来说是不可或缺的工具,研究者如果想把混乱而丰

---

① *Psychological Types*, CW 6, par. 895.

第四章 结语

富的个别经验归纳成某种条理，就需要明确的观点和指导方针。……其次，类型学有助于我们了解个体之间的各种差异，也能对当前流行的各种心理学理论的基本差异提供线索。最后但并非不重要的一点在于，它是判断执业心理学家自己是否"平衡"不可或缺的工具。心理学家对自己的分化功能和劣势功能有了正确的知识，就能在处理病人时避免许多严重的错误。[①]

荣格的模型是否"正确"（客观的正确），是一种没有意义的论点（有任何东西永远"客观"正确吗？）。当然了，目前人们还没有从统计学角度建立两种倾向和四种功能的适用范围。要做到这一点，就必须为数百万人做测验，而这些人要有深入了解自己的优秀洞察力。即使如此，测验结果仍会受到怀疑，

---

① *Psychological Types*, CW 6, par. 986.

人格类型：我们何以不同

因为测验程序本身仍然受到测验设计者自己的类型的影响（询问的问题、措辞、偏见、假设等），更不要说在某个特定的时间参加任何测验都会有的难以预测的环境变量。

真正的"事实"是，荣格的心理类型模型具有任何科学模型都会有的优点和缺点。虽然缺少统计学的验证，但人们也无法证明它是虚假的。它根据的是经验上的现实。此外，由于它建立的基础是以四重的方式（像曼陀罗一样）观察事物，这是一种原型，所以能满足心理学的要求。

如前所述（第40页），判断类型时若根据人的行为，会造成相当大的误导。例如，喜欢和别人在一起是外倾倾向的特征，但这句话不能被自动替换成"喜欢许多同伴的人就是外倾类型的人"。

当然了，人的活动在某种程度上是由类型决定的，但这些活动在类型学上的解释，要依据行动背后的价值系统来决定。当主体（自己）和个人的价值系

第四章 结语

统是主要的推动因素时,他就是内倾型,不论他是在一群人里还是独自一人。同样,当人主要导向为客体(事物和他人)的,他就是外倾型,不论他是在群体之中还是只有一人。所以,荣格的体系基本上是人格的模型,而不是行为的模型。

心灵的每一件事都是相对的。我不可能说、想或做任何事,却不受我自己看世界的独特方式影响,也就是说,我会被我的类型的表现形式影响。这种心理学的"规则"可以用爱因斯坦在物理学的著名相对论来比拟,且是同样有意义的。

有意识地觉察自己习惯运作的方式,使我们能评估自己在特定情境中的倾向和行为,并据此调整它们。如此一来,我们既能补偿个人气质,又能容忍运作方式与自己不同的人,因为这个人可能具有我们本身欠缺的力量或能力。

从这个角度来看,重要的问题不在于一个人是内倾还是外倾,也不在于哪个功能是优势还是劣势,而是更实际的：在这种情境中，或是和那个人在一起时，我是如何运作的？带有什么作用？我的行为和我表达自己的方式是不是真的反映出我的判断（思维和情感）和知觉（感官和直觉）？如果不是，为什么？我内心被激发的情结是什么？为了什么目的？我是怎么，又为什么把事情搞得一团糟？这说明了我怎样的心理状态？我能做些什么？我想要怎么做？

第四章 结语

类型测验

虽然荣格没有预见他的心理类型模型目前被应用到商业的情形①,但他确实曾警告,不要误把它当成"有效判断人类性格的实用指南":

> 即使在医学界,也有人认为我的治疗方法在于把病人放入这套体系,然后给予他们对应的"忠告"……。我的类型学绝对不是

---

① 根据荣格的原则而广被运用的类型测验有迈尔斯-布里格斯人格类型测验(Myers-Briggs Type Indicator,简称MBTI)、威尔莱测验(Gray-Wheelwright Type Survey),以及SLIP人格问卷(Singer-Loomis Inventory)。根据《财富》杂志的报道《性格测试又回来了》("Personality Tests Are Back", March 30, 1987, pp. 74ff),1986年全世界有大约150万人参与了MBTI测验。

> 一套把杂乱无章的经验素材加以归类或组织的重要设备,更不是给人贴上标签……。它不是相面,也不是人类学的体系,而是重要的心理学,处理的是心理过程的组织与界定,展现心理过程的典型特征。[1]

以文字测验决定的类型分析可能有其益处,但也可能造成误导。这种测验根据的是群体的反应,且是静态的,也就是说,它们的效力根据是统计学,且局限于特定时间。它们可能对一个人在测验那段时间的意识偏好提出合理的图像,但忽略了心灵的动态本质,完全没有考虑变化的可能性。

在群体世界,类型测验可以是有效的工具,描绘出群体里人与人冲突的心理基础,以及不同人格之间的互补性质。它们也可以相当准确地显示某个特定的人在接受测验的那一天是否适合某个特定工作或环境

---

[1] *Psychological Types*, CW 6, pp.xiv-xv.

的要求。但这个测验能适用多久？是为了谁的利益？对这个人其他的可能性会造成什么伤害？是否能满足公司未来的需要？

类型测验无法显示人的类型在多大程度上因为家庭和环境因素而被扭曲或反常；它完全不谈一个人惯常的运作方式可能是由情结决定的；它无法反映一直存在的潜意识补偿倾向。此外，接受测验的人可能会运用次要或辅助功能来回答问题，或其实是用阴影或面具人格来回答问题（见下一节）。

最重要的是，类型测验并没有考虑到经验上的事实：人的类型偏好会随着时间发生改变。

举例来说，一位拥有好几个学位（甚至包括博士学位）的男子，习惯长时间孤独地工作，使用思维功能，因此，文字测验很有可能理所当然地显示他是一个内倾思维型的人，他甚至相信自己就是如此。可是，真的是这样吗？不见得。他可能努力工作多年，为的是满足他人的期待；他可能压抑自己对外倾活动的渴望，压抑到连自己都不知道它的存在。外倾倾向及情感功能可能被深埋在阴影里，只有遇到重大的人生危机，诱发精神崩溃时，这些才会显露出来。

同样，一位显然是情感型的女子——拥有积极社交生活的家庭主妇，可能有一天发现内倾的观念世界，于是开始上大学，修学位。她是所谓的错误类型，不曾有机会发展天生的优势思维功能？或是现在的思维功能只是一时脱离常轨？类型测验的结果适用于她生活的哪一面呢？

重点在于，外在的评估测验——即使是自己进行的，都不是可以说明内在发生了什么事情的可靠指南。在类型学的领域中，如果有任何想了解自己的企图，就没有任何替代品可以取代长期的自省。

虽然这对内倾型的人是不言而喻的，因为内倾型习惯于自省，也依赖省思，但这个道理对于外倾型的人却很难，因为外倾型的倾向就是信任和依赖外在世界的决定因素。

第四章 结语

类型与阴影

荣格的心理类型模型根据的是偏好或习惯的运作方式。负责任地使用它,它就是有价值的指南,可以看出我们的优势心理气质——这是我们主要的存在方式。根据推断,它也可以显示我们大部分不是,但仍有可能是的情况。

那么,我们的其余部分(大部分)在哪里呢?

理论上,我们可以说劣势或未发展的倾向和功能,是我们内在被荣格称为阴影的部分。理由可以从概念和实践两个方面来看。

概念上,阴影就像自我一样,是一种情结。自我是意识中占优势的情结,与自己或多或少已知的部分

(就是"我")有关,而阴影是由人格特征中不属于一个人在世存有的惯常方式的部分组成的,所以与一个人的自我认同或多或少是不兼容的。①

阴影有创造和破坏的潜力:创造在于它代表被埋藏或尚未实现的部分;破坏则在于它的价值体系和动机很容易损害或干扰这个人自己的意识形象。

每一件不属于自我的东西,都是相对属于潜意识的;在潜意识的内容得到分化之前,阴影就是潜意识。顾名思义,相反倾向和劣势功能相对而言是属于潜意识的,所以它们自然也与阴影环环相扣。

在我们周围的世界里,有些倾向和行为是社会可以接受的,另一些则不被接受。在我们成长的岁月里,自己不被接受的部分自然会被压抑或压制。它们"落入"阴影,留下来的就是面具人格,这是向外在世界呈现的"我"。

面具人格符合外界的期望,是外界认为适合的情

---

① Jung, "The Shadow," *Aion*, CW 9ii, pars. 13ff.

第四章 结语

形。这是有用的社交桥梁,也是不可或缺的防护罩;少了面具人格,我们会过于容易就被别人责难。我们习惯用面具人格遮掩自己的劣势性质,因为我们不喜欢自己的弱点被别人看见(内倾思维型的人在嘈杂的派对上可能咬牙微笑;外倾情感型的人可能看似在用功读书,实际上却因为缺少同伴而神游四方)。

正如我们都知道的,文明社会的生活有赖于人与人之间通过面具人格而产生的互动。但认同它,并相信我们"只不过是"向别人展现的那个人,在心理上是不健康的。

一般说来,阴影比较不文明,较为原始,不太在乎社交礼节。面具人格看重的,是被阴影诅咒的,反之亦然。因此,阴影和面具人格以互补的方式作用——光线愈明亮,阴影就愈黑暗。人愈认同面具人格(其实就是否认自己具有阴影),人格未被承认的"另一面"就愈会造成困扰。

因此,阴影会不断挑战面具人格的道德观,由于自我意识认同面具人格，所以阴影也会威胁自我。在荣格所谓自性化的心理发展过程中，去除对面具人格的认同及有意识地同化阴影，是一起进行的。理想的情形是拥有强壮的自我，足以认可面具人格和阴影，但不认同任何一方。

但做起来没有说的那么容易。我们容易认同自己擅长的部分——为什么不应该这样呢？毕竟，优势功能具有无法否认的实用价值，它为生活之轮上油，使其顺畅前行；它通常带来赞美、物质回报和某种程度的满足感。它必然成为面具人格显著的一面。为什么要放弃它？答案是：我们不要放弃它，除非不得不放弃。我们在什么时候会"不得不"呢？当我们面临的人生处境无法用我们惯常运作的方式来度过时，也就是当我们原本看待事情的方式不再有用的时候。

如前所述，实际情形中，阴影及与它相关的每一件事，其实就是"未活出的人生"的同义词。"我的人生不止如此"是在心理分析师的办公室里常常听

第四章 结语

到的话。所有我意识中的我,以及我渴望成为的我,会把我可能成为的我、原本可以是我的我、也是我的我,都有效地关在门外。有些"也是我的我"在以前或现在被压抑,是因为它在以前或现在不被环境接受,有些则纯粹是未实现的潜力。

通过内省,我们可以觉察到人格的阴影面,但我们仍会抗拒它们或害怕它们的影响。即使它们被认识了,也被接纳了,它们仍然无法立刻被意识的意志取用。举例来说,我可能相当清晰地觉察到自己的直觉功能在阴影中,原始而适应不良,但我无法在需要时召唤它;我可能知道在特别的情境中需要情感功能,但我无法为了生活而取用它;我想要享受聚会,但我无忧无虑的外倾面却消失不见;我也许知道自己应该有孤独的内倾性质,但美丽阳光的诱惑实在太强了。

阴影不见得要求拥有与自我一样多的时间,但对平衡的人格而言,它确实需要得到认可。对于内倾型的人而言,可能是偶尔一晚在市区玩乐,违反自己的

"较佳判断"。对于外倾型的人而言，可能是违反自己的本性，整晚盯着墙壁发呆。一般而言，把阴影潜藏起来的人会给人一种沉闷乏味、了无生气的印象。从类型学的角度来看，这种情况是双向的：外倾的人看起来缺乏深度，内倾的人则显得不善社交。

卡夫卡的观察赤裸裸地说明内倾者的心理处境：

> 任何一位过着孤独生活的人，总有一天会偶尔想让自己依附于某个地方；根据一天的时辰、天气、工作的状态，等等，他会突然想看看他可能可以依靠的任何臂膀——那么，要是少了一扇可以看看街道的窗户，他是无法这样长久撑下去的。[1]

同样，外倾的人被社交互动的空虚冲击时，才会

---

[1] "The Street Window," in *The Penal Colony*, trans. Willa and Edwin Muir(New York: Schocken Books, 1961), p. 39.

意识到阴影。

在内倾和外倾之间有一种平衡，就像通常对立的功能之间一样，但这种平衡很少是必须找出来的，甚至是不可能找出来的，除非意识的自我——人格——彻底失败。

在这种情形下，如果有幸以精神崩溃表现，而不是更严重的精神病发作，阴影面就会要求得到认可。混乱的结果可能让人不好受，也可能颠覆自己已知的事或是对自己的信念，但它的优点是可以克服意识优势倾向的专制。如果能认真对待这些症状，整个人格就会充满生机。

顾名思义，自我和阴影之间必然会有冲突，但当一个人承诺要尽可能活出自己的潜力，阴影（包括劣势倾向和功能）的整合就会从仅仅是理论上值得向往的事，变成头际的需要。因此，吸收阴影的过程中，人们需要具有与某种程度的心理压力共存的能力。

例如，内倾的人在劣势外倾阴影的影响下，容易想象自己错过了某些东西：活泼的女人、可靠的同伴、刺激的事。他自己可能把这些看成虚构的怪物，但他的阴影渴望它们。他的阴影会把他带进最黑暗的场所，然后，往往（很奇怪地）抛弃他。留下什么？渴望回家的寂寞内倾者。

另一方面，从表面价值来看，发展外倾的内倾者就像真正的外倾者一样，很容易陷入麻烦。发展内倾的外倾者只需要处理自己，然而发展外倾的内倾者往往会给别人带来巨大的冲击，却可能隔天就不想和对方在一起了。当他的内倾特质重新掌权时，他可能根本就不想和别人有瓜葛。内倾知识分子的阴影是无忧无虑的情圣，于是会使一无所知的女人伤心透顶。

真正的外倾者真心喜欢成为群体的一部分，这是他们的天性。独处时，他们会烦躁不安，并不是因为逃避自己，而是因为他们不知道在群体之外可以依据什么参考点来建立自我认同。外倾者的内倾阴影鼓励他们留在家里，了解自己是什么人，但就像内倾者可

第四章 结语

能被他们的阴影丢弃在喧闹的酒吧里一样，外倾者独处时可能觉得寂寞、身陷困境。

相反倾向和劣势功能经常会在梦境和幻想中以阴影人物出现。根据荣格的见解，所有在梦中出现的角色，都是做梦者某些方面的化身。①当需要使用意识平常不太取用的某个功能时，梦的活动会增加。举例来说，思维型的男人与妻子吵架后，可能在梦中被一群具有原始情感的人物袭击，戏剧化地描绘出自己身上必须被承认的一面。同样，感官型的人陷入庸常时，可能在梦中遇见直觉型的人物向他展示某些可能的出路，诸如此类。

若要同化一种功能——这是本书第一章提出的议题——意味着要在意识中与之共处。冯·弗兰兹写道："做了一些烹饪或缝纫，并不代表感官功能已经被同化了。"

---

① "General Aspects of Dream Psychology," and "On the Nature of Dreams," *The Structure and Dynamics of the Psyche*, CW 8.

人格类型：我们何以不同

　　同化一个功能的意思是要有一段时间，让意识生活有自觉的适应作用都完全放在那一个功能上。当你觉得目前的生活方式变得了无生气，或是你对自己和你参加的活动或多或少一直感到厌烦时，就是转换到辅助功能的时候了……。了解如何转换的最佳方法只不过是说："好，现在这一切已索然无味，它对我再也没有任何意义了。我过去的生活中，有什么活动仍会让我觉得有趣？有什么是我仍然觉得兴奋的？"如果一个人接下来真诚地投入那件事，就会看见自己转换到另一种功能。①

　　然后，在某种程度上，这个人就同化了阴影的一个方面。

---

① *Lectures on Jung's Typology* (Zurich: Spring Publications, 1971), p. 60.

第四章 结语

此处的结语当然是：荣格心理类型模型除了临床上的意义，最重要的意义一直在于它为个人提供了认识自身人格的视角。

若要以对个人有意义的方式运用荣格的模型，就需要全心全意的自省，就像处理自己的阴影和任何其他情结一样。换句话说，它需要我们在相当长的一段时间里，非常注意自己的能量想去的地方，行为背后的动机，以及人际关系中发生的问题。

现代科技为我们提供了许多有用的工具，以快速、简易的方式完成原本非常繁重或耗时的工作。可是，认识自己的过程是没有捷径的，它仍然极度依靠个人的努力，也会因个人的努力而更加丰富。

附录一 外倾特质和内倾特质的临床意义

费尔兹医师（H.K. Fierz, M.D.）[①]

外倾特质和内倾特质是典型的体质倾向。外倾者的主要兴趣在客体，而内倾者则在主体。

如果想研究这两种基本倾向在医学上可能的重要性，就必须先了解主体和客体出现的时刻。

主体和客体总是出现于原本由神秘参与（participation mystique）决定的关系面临批判的时

---

① 费尔兹医师是苏黎世荣格心理临床与研究中心的医学主任，任职超过20年，直到1985年去世。他也是苏黎世荣格学院的训练分析师。这篇文章原本在1959年发表于德国的《心理治疗学术期刊》（Acte psychotherapeutica）。

候，不论是来自主体本身还是他人的批判。①这种事件会影响整个人格，例如，在幼童身上，或是在基本上处于潜意识的、未分化的人。但即使是已分化的成人，仍有需要发展的潜意识部分。这种处境容易导致可能引发批判的冲突，造成神秘参与的消解。

我们认为，通过冲突，特定关系中的两个人会发现他们并不是完全和谐的。体验到这种和谐问题的人就是主体，而他觉得不和谐的冲突对象就是他的客体。

我们可以观察这种问题如何在个体身上展现出来：一种牵涉到阿尼玛—阿尼姆斯问题的情绪被制造出来。还有一种问题是要适应现在被客体化的环境，这会制造出另一层影响，汇聚出阴影的问题。

我们在孩子身上可以见到典型的例子：他们发现

---

① "神秘参与"这个用语来自人类学家吕西安·勒维-布吕尔（Lucien Lévy-Bruhl），荣格常常用到这个术语，意指一种原始潜意识的联结，人在其中无法清楚区分自己与他人。这是投射的自然现象背后的东西，人在投射中，会在别人身上看见其实是自己拥有的特征。Jung, "Definitions," *Psychological Types*, CW 6, par. 781.-D.S..

父母并不总是像他们所期待的那样完美。被制造出来的情绪是对父母生气,接下来的坏脾气则导致适应的问题。孩子现在要面对如下的怀疑:"我是什么人"或"爸爸妈妈是什么人"?接下来则是:"这个'我'是什么?""'爸爸''妈妈'是什么?"由此诞生了主体和客体。这种处境很快汇聚出父母原型,因此往往具有大量的情绪能量。

当神秘参与消解时,每一个人都会产生相同的问题。虽然问题是共通的,但处理的方式依据这个人的主要兴趣被导向主体还是客体而有所不同。从个人解决问题的方式,能看出他的基本倾向是什么。

内倾者面临的"客体的敌意"

内倾型的人关注的基本上是主体,所以会觉察主体内在的困扰因素,这时,情绪升起,他有压抑这种情绪的偏向,于是欣然致力于寻找崭新而可靠的定位。对客体的外在适应困难对他而言比较不重要，或完全不重要。基于这个理由，内倾的人常常显得负面、"阴沉"，把自己表现得奇特、古怪、傲慢，甚至带有恶意。

他不会用更大的觉察和理解来处理这种困难，而是逃避。于是内倾型的人可能一步步缩小他的朋友圈，选择最"无害"的人。但他常常突然碰到外在世界的现实问题。"客体的敌意"会是他的绊脚石：他总是"运气不佳"。即使还年轻，一个内倾者也可能摔下楼梯跌断腿。他不注意楼梯，却忍不住对楼梯地毯可怕的红色发脾气（目的是以后能够说"我不在乎是什么颜色"或"我不喜欢这种红色，因为不适合我"）。

释放情绪对他自然是有益的。情绪平息下来，他就能免于新陈代谢方面的困扰。他比较可能去找外科医生，尽管大部分时候只是为了轻度或中度的治疗。

这个发展阶段就像是心灵得到满足，本能却被忽略。内倾型的人在心智上"占优势",却与环境疏离,不断与世界碰撞,不过这通常不会危及他的生命。内倾型的人有可能是以不充分而压抑的方式呼吸(为了保持平静,避开世界),所以可能较容易罹患肺结核。

外倾者必须转向"自己"这个卑微的人

外倾型的人关心的基本上是客体,他喜欢安排他的客体关系。他为它们放弃自己,导致自己只剩一点"模糊"的身影。他忽视自己内在正发生某些事,某些东西已经被启动的事实。尽管外倾型的人能成功适应客体,但会不时出现上述疏忽,而被低估的情绪会以偶尔出现的心情变化表现出来,且很快会发展出敌意。未被了解的情绪也会影响代谢:肝脏问题很有代表性,甚至心脏也可能受影响。到了这个发展阶段,他比较需要内科医生而不是外科医生。一般说来,外倾型的人跟随自己的本能而忽略精神面时，并没有致命的危险。

可是，发展的第一阶段之后还有别的阶段。内倾型的情形下，外在适应的欠缺愈来愈多，尽管全力尝试"逃入内在"，尽管他通过选择来限制客体的数量，他还是会与世界发生撞击，以至于客体的现实强加于他身上。现在，他再也无法使情绪平静：它表现得非常清楚，内倾者展现的敌意通常比无害的外倾者更为激烈。

另一方面，外倾者会出现这样一种情形：情绪呐喊着要得到满足。情绪激烈地破出，破坏了他原本对外在世界的适应，黑暗的阴影面变得明显。外倾者开始面对主体的问题，以及他自身现实的问题。

在这种处境下，内倾者必须变得更为外倾，把他的兴趣导向客体；而外倾者必须变得更为内倾，转向"自己"这个卑微的人，就是主体。倾向反转的任务不被接受时，就会发展出临床疾病。

附录一 外倾特质和内倾特质的临床意义

旧系统的瓦解给身体带来的影响

接下来是顽固的、偏于一方的试着坚持原有的倾向类型，但这已经不合时宜，能量已流到相反的倾向，而挣扎的结果就是"心理水平降低"（abaissement du niveau mental）[①]原本的优势倾向无法再可靠地作用，变为劣势。旧系统的瓦解会带给人身体上的影响。

内倾者变得很容易受到突然而危险的感染。过度的情绪可能如此严重地干扰他的代谢，以至于发生非常危险的状况，甚至致命。危险来自内在：内倾者需要内科医生，以免危及生命。

外倾者如果尝试维持偏于一方、过时、原初的倾

[①] "心理水平降低"这个术语是法国医生皮埃尔·让内（Pierre Janet）描述的现象，被荣格引用，意指意识水平的降低，比如抑郁、睡眠、滥用酒精或其他药物时所发生的情形。本文指的是一种心理状态，在这种状态下，意识的主导态度可以说失去了意义。

向，也有重大危险。他对外在现实的适应已不再可靠，他现在可能发生意外，需要外科医生。外科治疗的需要可能会非常紧急，因为"失去补偿的外倾者"发生的意外通常很严重（车祸或登山时发生意外）。

可是，帮助他的并不总是外科医师，因为他的问题常常触及法律层面。对主体面的盲目无知，加上黑暗的阴影，往往导致他破产、诈欺或做出其他违法的事。所以，外倾的人可能会因为意外或愚蠢的罪行而让自己身陷险境……不是只有死刑才能毁掉一个人，监狱也能做到这一点。

这个发展阶段非常关键。内倾的人会用自杀来逃避危机，这种情形会发生在突发情绪的压力下，对破坏他主观平静的可恨情绪的力量感到恐慌的时候。外倾的人也可能用自杀来逃避问题，他会在黑暗阴影的深思熟虑中安排自杀，以逃避不得不处理失去心爱客体——安全感——的状况。

在这种危机中，内倾型的人会发展出外倾者的所

附录一 外倾特质和内倾特质的临床意义

有症状,而且达到险恶许多的程度。正因为他不接纳自己的外倾面,所以外倾面会以自动化、原始的形式出现,且带着更棘手的问题。不过比起20年前,我们现在可以更成功地处理这些危险的疾病,危险的感染可以用抗生素治疗,原本致命的代谢疾病也有了治疗药物。不过,当过度的情绪对代谢作用的干扰达到很严重的程度而发生心智退化时,人还是有心智毁灭的危险;当情绪的力量破坏人体对感染的抵抗力时,人也有身体死亡的危险。再次强调,危险来自内在。

外倾的人在危机中,随着他所不了解的内倾特质以危险的原始形式支配他,会发展出夸大形式的内倾者症状。如果外倾的人通过意外和严重受伤与世界发生冲突,现代外科手术在科技上的进步,特别是高度发展的麻醉技巧,可以有很大的助益:骨科手术和康复治疗可以使他恢复活跃的生活,而这样的人在过去恐怕会终身残疾。

当阴影使外倾者与世界发生冲突而面临承担法律

上的后果时，我们必须记住，死刑已逐渐减少，走上废除的方向，现在更常用的刑罚是为了教育，而不是毁灭。可是，不论是出于意外还是判刑，外倾者仍然有来自外在的生命危险。意外可能致命，失去社交生活也可能摧毁精神生活。

内倾者容易发展成精神分裂，外倾者则可能出现躁郁症

内倾者的劣势外倾特质也有正式的表现，例如知觉上的表现。他可能被外在世界吸引而产生直觉，但这种直觉的质量很差，于是他知觉到的可能性并不是分化的直觉功能对这些事物产生的直觉，而只是"不可能的可能性"。这种情形已经离妄想不远了。如果是通过感官功能而产生的知觉，它们也不会以有条理的方式理解外在世界，他的情形往往也是病态的。

外倾者的劣势内倾特质表现出来时，即使他被迫

附录一 外倾特质和内倾特质的临床意义

思考主体,往往也只是变成无助的焦虑状态,主要是因为缺乏辨别力。思考自己时,他会用部分取代整体①,因为一个缺点而彻底否定自己,接下来可能生起内疚和罪恶感,造成疯狂。此外,他虽然完全知道个人发展的自主性,却视之为大灾难。总的来说,这就是一种抑郁症。有时,主体的沉迷会再度让位给原本的外倾特质,但他的外倾特质现在已变得低劣,表现为狂躁症。

由此可以清楚地看见,内倾者的劣势倾向容易发展成精神分裂的状态,而外倾者可能出现躁郁症。

如果精神病症状已明显表现,那么,劣势倾向的汇聚就变得特别令人印象深刻。只需要聆听他们所说的内容。当内倾者把他的注意力导向外在,就可能显示出妄想的反应,他对客体的病态着迷会显示为如下

---

① 这句话指的是荣格所说的负面膨胀(negative inflation),即个人会认同自己最坏的特征。

Aion, CW 9ii, par. 114, and "The Psychology of the Child Archetype," *The Archetypes and the Collective Unconscious*, CW 9i, par. 304.-D.S.

的沉思:"是他做的,他可能做了,他一定没有,他应该会,他将会。"以这种方式把外倾特质的劣势性投射到客体,因此另一面是坏的、蠢的、卑劣的。另一方面,应该转成内倾的外倾者变忧郁时,他的想法会无止境地围绕着主体。他会说:"我做的,我应该,我是。"内倾特质的劣势性被强加于主体,于是忧郁的病人认为自己是有罪的、没有价值的、可悲的、贫乏的。

  精神医学的经验也有助于我们了解两种类型。大家都知道,精神科医师会要精神分裂患者尽可能早点出院,所谓"提前释放",而躁郁症病人则会被延迟出院。从劣势倾向的问题来看这种情形,我们可以说:精神分裂患者基本上是内倾的,在疾病中表现其劣势的外倾特质,因此应该被送到外面的世界练习他的外倾特质;但躁郁症患者有外倾的性格,因此应该在病房留久一点,有机会练习他仍然未发展的内倾特质。

附录一 外倾特质和内倾特质的临床意义

不论精神病人多么清楚地显示出某些问题，他们毕竟是异常的。在正常人里，劣势倾向的问题会在人生的后半段汇聚起来，但在病态的情形下，问题往往很早期就出现。原因之一可能是家庭或环境的影响导致原本的性格在早年被扭曲。

有可能是生来外倾的人忍受强加于他却与他不兼容的内倾倾向，而发展的相反趋势就朝向尽快恢复真实倾向的目标。健康却未发展的外倾特质与扭曲而不兼容的内倾意识之间的冲突，可能导致非常复杂甚至病态的状态。内倾的人也容易有相应的扭曲，这个问题的细节还没有得到足够的研究，不过，我相信环境因素对天生倾向的扭曲是精神病症状和所谓精神病模式的主要来源。

当然了，如果相反倾向的正常发展能不受干扰地发生，是最理想的。但在医学中，特别是心理学中，我们很少看到这种情形，因为不太有机会观察到正常的发展。干扰出现时，自然会出现各种细微的差异和明显的扭曲。

可以再多谈一点细节：必须发展外倾特质的内倾者，比较容易罹患消化性溃疡；必须内倾的外倾者，根据我的经验，有过早得动脉硬化的危险。大家都知道，消化性溃疡的患者可以通过心理治疗消除症状，但可能少有人知道，即使是比较严重的动脉硬化也可以因适当的心理治疗得到相当大的帮助，即使所有教科书都可见到失败主义者对精神医学预后的评估。所以，必须处理内倾特质的外倾者产生的忧郁或动脉硬化的症状时，请不要太在意预后的评估，心理治疗是绝对不能被忽视的。

症状不是病态的失常，而是迈向完整的道路

我要从医学角度总结两种基本倾向类型的影响：

内倾者基本上活在自己的情绪里，与世界发生冲突。他容易发生轻微或中度严重的意外。外倾者适应

附录一　外倾特质和内倾特质的临床意义

世界，忽略情绪，他的危险在于心脏和代谢系统。两种倾向类型早晚都会面对同样的问题：发展相反面，也就是他们内在的劣势倾向。

如果这种发展不够充分，接下来就可能出现严重甚至致命的疾病。内倾的人可能会受到感染或新陈代谢恶性紊乱的影响。外倾的人容易发生危险的意外或是做出违法的事。此外，内倾的人也容易得消化性溃疡，外倾的人则是动脉硬化。内倾的人对外在世界的沉迷可能导致妄想症状，而外倾的人对内在世界的沉迷可能导致他劣势的内倾倾向以抑郁的形式表现出来。

从精神医学的角度，我们也必须强调，即使在危机中，自发、原初、基本的关系仍是显而易见的[就像克雷奇默（Kretschmer）描述得很出色的体质类型一样]。瘦长体型的精神分裂症患者以幻觉的方式转向外在时，他的自然倾向是朝向主体的，而他和外在世界的情感交流就会相对贫乏。当肥胖体型的抑郁症患者把注意力导向内在时，他仍然保持自然朝向客体的导向，情感交流是良好的。

令人印象深刻的是，即使既有的意识会抗拒，精神疾病仍会帮助劣势倾向突破而出。内倾的精神分裂患者通过攻击性的爆发而与外在世界接触；外倾的抑郁症患者关闭自己，脱离世界，从而发展出没有人能了解他，没有人想了解他，也没有人能帮助他的想法——所以他被用力推回自己的内在。

我们现在应该要问：根据现代医学对两种类型倾向的了解，我们可以期待什么样的治疗。一般来说，发展过程中出现的内科、外科病症及精神科并发症，是需要根据医学和经验的一般法则来治疗的，这是不言而喻的。可是除此之外，重要的是在诊断时把病人视为必须通过他的危机而接纳自己劣势面的人类。

这个关键的处境制造出特别的危险，需要特殊的照顾和密切的注意。举例来说，如果内倾者的内在稳定性崩溃了，他的整个系统就可能突然被感染症侵入。这时,必须适时给予抗生素,否则就可能来不及。对病因还不明确的病人,必须定期计算白细胞的数量,光是记录脉搏和体温是不够的。另一方面,如果外倾者的外在适应崩溃了,就必须密切预防意外增加的可能性,例如,必须禁止他登山甚至开车。

但除了这种特殊的医疗照护,针对身体或心理方面的症状,医生还需要了解症状的心理意义。疾病是某种异常而劣势的东西表现出来的症状,在这种异常和劣势的状况中,我们必须辨识出人类尝试处理其相反倾向的问题所做的努力。所以,从这个角度来看,就要以正向的方式解读医学症状,也就是症状不是病态的失常,而是迈向完整的道路。

附录二 类型晚宴

下述场景以轻松的方式描述荣格的心理类型模型在日常生活中看起来可能是什么样子的。①

外倾情感型

女主人是情感型的人,除了这种类型的人,还有谁会不怕麻烦地把大家聚在一起呢?就连邀请函——美丽信纸上的优雅笔迹——都显示出她乐于把亲爱的朋友聚集在一起。

---

① *Das Diner der Psychologischen Typen*, in Sammlung Dalp, Handschriften-deutung (Bern: Franke Verlage, 1952).

感谢马格达莱纳·齐林格(Magdalena Zillinger)将其翻译成英文,也感谢维基·考恩(Vicki Cowan)的改编。

她是迷人的女子，温暖、性感有如雷诺阿（Renoir）画作里的人，她是令人赞叹的家庭主妇，心胸宽大、乐于助人，擅长待人处事。她充满魅力、非常好客，提供准备周全、摆饰美丽的精致食物。她的家展现出她美好的品位。

由于总是复述丈夫和父亲的看法，所以她的谈吐不怎么让人兴奋。她的观点有时是社区宗教领袖或其他知名人物的观点，而她总是以全心全意的确信来表达这些观点，就好像这些是她自己想出来的。她不知道自己对晚宴唯一真实的贡献（除了食物），就是谈话时充满情感的语调。

她嫁给了一位艺术品鉴赏家（唯美主义者），丈夫非常重视低调奢华的生活。

内倾感官型

男主人是艺术史学家和收藏家，但思维功能是他的劣势功能。所以,他虽然收藏了许多书籍,拥有惊人的收藏品,却没有深入钻研其中的内容。

他高瘦、黝黑、沉默,刚好和健谈的妻子相反,好像藏身唠叨妻子的背后。他无法理解妻子为什么会全心投入这些迫使他放弃优美、安静书房的晚宴,不过他们已达成协议,她会安排他们生活的社交面,而他根据长久以来的经验,也知道她是请客艺术的大师。她把必要的外倾特质带入他们的婚姻,使他们与外在世界联结。

他以有点拘谨的优雅态度迎接客人,向刚进门的知名律师伸出细瘦的手。事实上,他瞧不起这位女子,她是外倾思维型的人。问候时,他对她误说"再见"。女主人惊恐地发现了这个失态行为,试图以双倍的亲切来弥补。

外倾思维型

律师是第一位抵达的来宾。由于非常在意自己的社交地位,她从不允许自己迟到。

她刚以优异的成绩毕业,正开始一份前途远大的事业——成为辩护律师。她已得到了出庭律师的身份。她的判断精准,逻辑无懈可击。她的辩护全都根据广被接受的具体事实,推测的见解与她是不兼容的。就像大部分外倾思维型的人一样,她很保守,把重心都放在客观数据上。由于她的辅助功能是感官,所以她在私人和专业生活中也是务实且井井有条的人。

对于她真正的情感生活,我们所知不多。据说她最后会嫁给老板的儿子。

附录二　类型晚宴

外倾感官型

又来了两位客人,当地最重要的企业家和他的妻子。企业家是外倾感官型的人,辅助功能是思维;他的妻子是内倾情感型的人,辅助功能是直觉。这对夫妻可以说明具有相反优势功能的人是怎样互相吸引、彼此互补的。①

这位企业家具有很好的常识、正面的工作伦理,以及务实、进取的本质,知道如何在任何处境中自处。他是聪明、专断的主管,领导一大批员工,却仍有时间监督每一项细节。看到他在一天里完成了多少专业和社交事项,会令人相当惊讶。

然而,他有时欠缺宽广的视角。他如此全然活在此刻,以至于无法预测自己的行动会有什么结果。由

---

① 在这个例子中,男子的优势功能和妻子的第二功能互为相反功能。

于他的直觉尚未得到发展，只能理解已经发生的事，他无法预见未来可能有的危险。

他穿着体面但缺乏高雅的品位，嗓门很大，不够机智。他似乎很热心，但同时也让人受不了。晚宴中，他很贪吃。

他们的朋友都不懂他和妻子能一直在一起的原因，他自己也不懂，他只知道从他遇见她的那一刻开始，他就对她非常着迷，他的生活里不能没有她。

内倾情感型

这位女子——企业家的妻子，安静而让人难以捉摸。她的眼睛里有一种神秘的深度。女主人喜欢分析别人的关系，她永不厌倦的话题就是这位年轻女子对丈夫的强烈影响力。

这位瘦小、纤细的女子似乎什么也没做，就引发了这位笨重、迟钝男子令人惊讶的依赖。不管她到哪里，他的眼神都跟着她，也希望她看着他，他会一再询问她的意见。

原因在于相反类型的互补性质。对于这位男子而言，妻子具有的内倾深度是他在自己内在无法取用的，基于这个理由，她是他的完美女性的化身——他的阿尼玛。

内倾情感型的人不会常常表达他们的情绪，但表达时会带着极大的力量，这种人会积聚大量的内在情绪，这种压缩的强度使他们有一种特别的韵味，往往让人感到一种不可侵犯的神秘力量。

这种类型的人往往具有艺术天分。这位年轻女子的人生有一项真正的热情——音乐。对她而言，音乐以纯洁无瑕的方式表达出她的情感世界，她在此找到了全然的和谐，不会被她觉得刺眼的世俗现实所污染。

可是，如果没有她的丈夫，她几乎不会接触外在世界。他是她内在完美男性的化身——她的阿尼姆斯。

内倾思维型

这时，又来了一位客人，他是医学教授，专长是治疗睡眠疾病。他在其领域的新发现非常有名，而他的演讲之乏味也同样出名。他和学生没有接触，不喜欢分享他的观念。即使是对他的病人，他也没有兴趣，他们只不过是他为了从事研究所需要的"病例"。

他写的字非常小，字母之间有一种特殊的连接方式，只有他本人和他的助手才看得懂，好像某种难以捉摸的编织。有位绝望的学生曾说："这不是书写，根本就是编织！"

没有人见过教授和妻子在一起（妻子刚好是外倾情感型，与他相反的类型）。他们不曾一起出门，谣传她完全未受教育，曾是他的打扫卫生的女佣。

附录二 类型晚宴

外倾直觉型

最后一位客人匆匆从机场赶来。他是工程师,兴致勃勃地谈论新的构想,陶醉于它们未来的可能性。他不太可能把这些构想付诸行动,比较可能的是启发别人这样做。在餐桌上,他热烈地谈论新的旅行计划,但这些计划对于主人而言似乎太冒险了。他狼吞虎咽,并没有注意吃了什么食物。

这位充满魅力的年轻男子周围的其他客人显然很不自在,他似乎与他们生活的现实世界脱节,但他的想法是那么有趣,引人注目。

内倾直觉型

餐桌有个准备好餐具的空座位,这是为年轻的穷诗人准备的位子。他没有来,也没有解释,就只是完全忘了这回事。他是一个极瘦的年轻人，有一张椭圆形纤细的脸孔和一双朦胧的大眼睛。

那一夜，他完全沉浸在自己的手稿里，最后因为肚子饿得痛了，才去他常去的便宜餐馆吃饭。由于对时间和空间没什么感觉，他很晚才抵达餐馆（出门前，他花了半小时才找到眼镜）。粗劣的食物对他并不造成困扰，他出神地吃着食物，眼神不时瞄向餐盘旁的报纸。

晚餐后，他在星空下散步良久，才发现自己的外套还留在餐馆。散步时，他不知道因为什么而得到了灵感，创作了一首诗——充满形而上惊叹的十四行诗。他完全沉浸在喜悦之中。

然后，他突然想起自己受邀参加晚宴，但现在已太晚了。这个错误或疏失正好反映出他未公开承认的情感。内倾的人虽然害怕生活的需求，但在羞怯中仍隐含一丝傲慢。

他想着："我要把我的诗送给那位女士，这是我最好的礼物。"但他真的会这样做吗？或许只是想一想？如果他送了，那位女主人能理解吗？这位穷诗人因为缺乏远见和不断遇到不幸而显得滑稽可笑——这个笨蛋逃离社会和其中的乐趣与冲突，但他可能孕育出一首充满宇宙意义的诗。

团体

晚餐的谈话非常热烈，政治、戏剧、轰动社会的法庭案例、书籍和电影，全都讨论到了。两位外倾的人——律师和企业家，展开激烈的辩论。

教授沉默不语，大型宴会使他觉得自己迟钝、笨拙，他不喜欢这些世故而复杂的环境。晚餐快结束时，他违反自己的良好判断，突然打破沉默，他谈了什么呢？他的嗜好——睡眠疾病！由于他的情感功能未得发展而且幼稚，他并不知道其他客人的反应，也没感觉到自己的发言并不适当。

其他客人分别以不同的方式回应教授的论述，各自有不同的原因。律师总是对值得注意或有教育意义的观念感到好奇；企业家最有兴趣的是教授说的话有哪些可以实际应用到他的工作中；优雅的男主人对疾病的描述感到恶心，因而消化不良。

但最有深度的反应出自女主人，她从一开始就尝试把教授冗长的独白转向不同方向，却失败了。由于无法听懂这段话，她最后放弃了。她无法理解这种谈话，觉得这些话隐然有一种唐突的感觉。她开心的脸垮了下来，眼皮沉重，觉得无聊透顶。只有在宴会结束，向企业家的妻子展示住家和孩子时，她才恢复了活泼的本质和快乐的性情。